Encyclopaedia of Units of Measurement
MUTOH Tohru & MIURA Motohiro

数える・はかる・
単位の事典

武藤 徹・三浦基弘

[編著]

東京堂出版

はじめに

　「数える」ことを，いつ人間が必要になったかは定かではありませんが，物が足りていた時には数えることは必要がなかったような気がします．物が不足になったり，余ったりした時に，過不足の数が必要になったと思います．

　詳しくは概論で述べますが，アリ一頭も象一頭も同じ 1 で表されます．ここではアリと象といった異なった性質が取り除かれ，1 つであるという性質だけが取り出されています．このような共通でないアリや象のような性質を取り除くことを捨象といい，1 つであるという共通の性質を抜き出すことを，抽象といいます．

　例えば牧場で羊が 25 頭，牧草を食んでいたとします．何頭いるか調べるとき，皆さんは当然のように，ちょっと多いなと思いながらも 1，2，3 頭と口ずさみながら数えることができると思います．それは皆さんが抽象することができるからです．つまり，1＋1＝2 と当然のことのように計算します．この計算式は羊 1 頭＋1 頭 =2 頭，紙 1 枚＋1 枚 =2 枚，鉛筆 1 本＋1 本 =2 本，のように具象する例をも意味します．それぞれの助数詞（頭，枚，本など）を取り除き，つまり，捨象して 1＋1=2 という数式を，長い時間をかけて，人類は獲得してきたのです．詳しいことは概論で述べますが，抽象する能力を獲得するには長い年月が必要でした．

　イギリスの哲学者バートランド・ラッセルは，次のように述べています．"It might have required many ages to discover that a brace of pheasants and a couple of days were both instances of the number 2 : the degree of abstraction involved is far from easy." （雉の二匹の二と二日の二が，ともに数の 2 の例であることを見出すには，長い歳月を要したにちがいない．ここに含まれている抽象の程度は，容易なことではない）（『数理哲学序説』岩波文庫，1954 年）．

　抽象する能力がまだ獲得されていなかった時代に，どういう数え方をしたかというと，例えば羊を数えるとき，木や骨などに傷をつけて，対応していました．英語で「数える」意味の 1 つに tally という語がありますが，もともと「刻

む」という意味です.

　小学生ですと指を折りながら数えることが少なくありません. ところが, 指は 10 本しかありませんので, それ以上, 数えることが難しくなります. 頭を働かせて靴下を脱いで足指に対応させても 20 までです.

　競技の得点を score といいますが,「数える」という意味です. この語にも「刻む」という意味がありますが, もともと北欧語で昔, 羊を数えるのに, 手と足の指を使い, 20 頭ごとに棒切れなどに刻み目をいれたことに由来します. 20 という意味も残っており,「人生, 70 年」の 70 年を "three score years and ten" といいます. 詳しくは本文の項目に記しています.

＊

　このように, 私たちの生活にとって, 何かを「数えること」や「はかること」, そしてそこに用いられる「単位」は深くかかわっています. 例えば, なるべく安いものを買おうとしたとき, 1 個いくらとか, かさあたりの値段, 重さあたりの値段に目が行きます. 数や, かさ, 重さは, 生活と切っても切れない関係があります. また, ものづくりにとっても, 計量は大切です. 誤差があると, とんでもない事故に巻き込まれる可能性があります. また, 原発は安全だという神話がまかり通っていましたが, 2011 年の東日本大震災の後, 何ミリシーベルトなどという耳慣れない言葉に気を配って, 自分の身は自分で守らなければなりません. 何かをはかり, 基準でもって判断することは, 社会の中でも大きな役割を担っています.

　社会が発展して国ができると, まず,「度量衡」を定めます. 度は長さ, 量は体積, 衡は重さという意味ですが, 度も量も衡も, 読みは「はかる」です.「はかる」には沢山の漢字がありますので, 本書ではひらがなにしました. 理由は「Ⅰ概説編」のコラムに紹介しました.

　著者は戦前生まれですが, お米を買うとき, 昔の米屋さんは枡売りをしていました. 枡の中にお米を入れ, すり切り棒で余分な米をすり切るのですが, 米屋さんと素人の枡のはかり方が異なるのです. 秤ではかると米屋さんの枡の米の方が, 軽いのです. 枡の中での米がふわっとして空隙が多くできるのです. 今のお米は重さで取引きがされていますので, そのような齟齬はなく, 安心して買い物ができます.

ii

また，長さをはかるときは，物差しではかります．定規という語が使われていますが，これは本来長さをはかる道具ではありません．物差しには目盛りがありますが，もともと定規に目盛りはありません．最近では目盛りの付いた定規もありますが，本来，定規は長さをはかる道具ではなく，線を引く道具です．学校のグラウンドなどで，長いものをはかるときには，長い物差しである巻尺などを使います．

　例えば，長さの単位の1つに，マイル（mile）があります．約 1.6km です．マイルの語源は千歩という意味です．そうすると，1歩は約 160cm になります．一跨ぎのことを1歩と思っている方が多いと思いますが，もともと二跨ぎ（右足・左足と進めること）のことを1歩といいました．英語では one pace です．測量学でも1歩は二跨ぎのことで，混乱を防ぐために1複歩という語を使います．また，万歩計という機械がありますが，（「万歩計」というのは山佐時計計器㈱の登録商標で，機械としては「歩数計」といいます）万歩計は一跨ぎを1歩としています．漢語の四字熟語に「歩武堂々」がありますが，これは「あしどりが堂々している」という意味で，歩は「二跨ぎ」，武は「一跨ぎ」で，歩武は「足どり」という意味です．詳しくは本文に記しています．

　いつくか例を挙げさせていただきましたが，「単位」や「はかること」には，それぞれ背景や歴史があります．時代や社会の変化により，より多くの人が共通で普遍的使えるものとしての努力もされてきました．メートル法の制定などは，本文で触れましたが，多くのドラマがありました．

＊

　本書は，単位語を収集し網羅する事を目的とはしたのではなく，「はかる」という行為に，焦点をあててみました．

　人間の生活にとって，ものを数え，はかり，さまざまな単位で自然やものごとを捉えようとしてきた営みを紹介したいと思い執筆しました．人類はいつから，「はかる」という行為を始めたのか．そしてそれは，どのように発展したのかも考えます．

　人類は立って歩くことを覚えると，どれだけ歩いたかをはかったのではないでしょうか．狩猟が始められると，獲物の数を数えたことでしょう．穀物栽培が始められると，穀物の分配や交換のために，かさや重さがはかられたでしょ

う．人類生活の発展とともに，はかられる対象も増え，内容も発展したことで
しょう．「重さ」から「目方」になり，高度な「質量」という概念が発見され
たのは，何と，20世紀初頭のことでした．

　この事典では，はかられる対象である量や，その量の従う法則も取り上げま
した．また，はかるのに用いられる用具も収録することにしました．測定に
よって得られた測定値から数の世界が作られましたが，この数の世界も，向き
を持つ数，方向を持つ数へと拡張されました．「はかること」によって数の世
界が発展したのです．

　そのほか，単位や計測器具の制定や成立にかかわった人物や，歴史的に重要
な書物も収録し，背景やエピソードなども盛り込んで，楽しんでいただけるよ
うに工夫しました．いわば，「測定百科」といってもよいでしょう．類書にな
い魅力満載と自負しています．

　「数えること」「はかること」「単位」がそれぞれどのようなものか，またそ
れらが互いにどうかかわるのかについて理解を深めていただきたいと思ってい
ます．

　これまで述べた本書の方針に照らし合わせて，その理解に必要と思われるも
の，読み物として面白いものを項目として立項し，解説しています．歴史的な
展開や，目から鱗の話題など，他書とくらべても類のないユニークな読む事典
となっていると思います．

　「Ⅰ概説編」では，本書のテーマとなった，はかることや単位にかかわる事
柄を，いくつかのカテゴリーに分けて解説しました．「Ⅱ事典編」は見出し項
目を五十音順に配列いたしました．見出しには，その項目のカテゴリーを付し，
そのカテゴリーからも引けるように工夫しました．身近なところにおいて，活
用してくだされば幸いです．

　なお本文には，助数詞を立項しておりません．主な助数詞は付録に収めまし
た．冒頭でアリ一頭と象一頭のことを述べましたが，アリの助数詞は日常的な
会話では「匹」です．昆虫は，学術的には「頭」で習慣的には「匹」を使用し
ています．馬など比較的大きな動物は「頭」の助数詞を使います．比較的小さ
い昆虫のカブトムシなどは「匹」です．

　蝶も昆虫です．アナウンサーが，放送で蝶を数えるときに「一匹，二匹」と

言っているそうですが，学術上は「一頭，二頭」と数えるのが正しいことになっています．「頭」に関する傍証のひとつを紹介しますと，日本語のほか，中国語あるいはアメリカ大陸先住民などの言語にもこの「助数詞」の概念があります．英語圏の動物園などで，飼育している動物を数えるとき，種類に関係なく "head" で数えることがあります．また，ヨーロッパから輸入された飼育動物一覧表などには獣類，昆虫などは "head" でその数が記述されていることが多いといいます．この "head" の直訳から「頭」になったという説があります．「ギフ蝶」の発見者である名和靖（1857‐1926）は，1889（明治22）年，『動物学雑誌』に昆虫の数の数え方として初めて「頭」を用いました．

　江戸時代の蘭学者宇田川榕庵（1798‐1846）は『昆虫通論』のなかで，昆虫が頭・胸・腹の三つの構造になっているのを「断節する虫」として分類し，その「頭」で数えたといいます．

　蛇足ですが，筆者の祖父母など，ひと昔まで四足の動物，豚，牛などは食べていませんでした．仏教では「獣を殺してその肉を食べてはならない」という教えがあるからです．四足でもタンパク源としてウサギは食べていました．お坊さんたちが知恵を絞り，「うさぎ」は「鵜と鷺」で「鳥」であり「一羽，二羽」と数える，と勝手な理屈を付けて食べたから，という説があります．「蝶」にしても「兎」にしても，その「助数詞」の由来については，諸説あります．興味のある方は専門書をご参考になさるとよいと思います．

＊

　著者は，長年教職に携わり教育現場でさまざまな経験をしてきました．その中でよく考えて，行動することの大切さを子どもたちと一緒に勉強してきました．2人とも定年を過ぎて久しいのですが，現在でもゼミを開いて小学，中学，高校，大学の現場の教員と研究したり，出版社の編集部の方々と定期的に交流を持っています．

　教育現場で多くの生徒，学生と関わるなかで，彼らは多くは正しい理解をしていますが，思い違いをして理解していることも少なくありませんでした．そのことを，著者の残り少ない人生に鑑み，僭越ですが若い方々に今まで現場での教育活動で思ったこと，考えてきたことを，メッセージとしてこの本を編みました．

教育現場でご活躍の教職関係者，一般の方々にも読んでいただければ望外の喜びと願っています．

　最後にメートル法の歴史などを教えていただいた松本栄寿さん，尺の歴史について教えていただいた新井宏さん，各項目に貴重なアドバイスをいただいた森光実さん，中野潤さん，イラストを描いて下さった関根恵子さん，素晴らしい装丁をして下さった中島かほるさん，文献調査などに協力して下さった東久留米市中央図書館の上田直人さん，丁寧に校正をして下さった山下鉄也さん，そして計測器など貴重な写真を提供して下さった企業の方々にもお礼を申しあげます．

　最後に出版事情の厳しい中，出版を快く引き受けて下さった東京堂出版の大橋宗平さん，特に編集業務に携わって下さった酒井香奈さんに深甚なる謝意を表します．

2017.10.30

武藤徹・三浦基弘

数える・はかる・単位の事典◆目次

はじめに　i
この事典の特色と使いかた　viii

Ⅰ　概説編　1

Ⅱ　事典編　29

付　録

　記号一覧　236／いろいろな助数詞　239／日本の命数法　248
　SI 基本単位・SI 接頭語　249／ギリシア文字　250
　いろいろな長さ　251／いろいろな質量　252／いろいろな時間　253

索　引

　見出し語カテゴリー別索引　254／人名索引　263／書名索引　266
　事項索引　268

参考文献一覧　274
写真・図版提供一覧　276

◇この事典の特色と使いかた

〈収録内容について〉

・この事典は小学校高学年から高校生，また一般の方のために，「はかる」こと，「単位」のおもしろさ，楽しさを知っていただくことを目的にして書かれたものです．授業で教えている先生がたにも役に立つ情報を盛り込むように工夫をしています．

・収録項目は単位，単位系，対象となる量，測定用具，関連人名，関連書名などを挙げました．

・項目は 50 音順に配列しました．

・項目の見出しは，漢字表記，読みの順とし，項目によっては英語表記も付しています．項目名が外来語の場合は，カタカナ表記，英語表記を掲げています．いずれの場合も［　］でカテゴリー（分野）を示しました．項目名が書名の場合は『　』としました．

・人名の見出しは姓のみを掲げています．

　　例：アインシュタイン，ニュートン

・同じ内容で呼び名の異なるものや，説明を別項に譲っているものは「⇒」で参照先を示しました．内容理解のために別項を参照していただきたい項目を付してある場合もあります．また，説明文中に登場し，本書で立項している語については必要に応じて「＊」を付しています．キログラム，メートルなどの繰り返し出てくる一般的な言葉や，「⇒」にて参照に挙げている場合などは付していません．

・同じ読みの語が続く場合は，「I 概説編」でのカテゴリーの解説順に準じ，人名は最後としました．

・表記・読みが同じ項目で同一カテゴリーのものが複数ある場合，(1)(2) と番号を振りました．

・煩雑になるのを避けるため，解説文中，メートル法の単位についてはその旨の記載を略しました．

・巻末には，見出し語カテゴリー別索引，人名索引・書名索引・事項索引のほか，さまざまな助数詞の一覧や，日本の命数法の一覧などを付しました．

〈表記について〉

・「はかる」という語は，一般に多く用いられている漢字表記は「測る」ですが，文中で紹介している（p. 14 参照）ように，100 以上の漢字表記があるため，ひらがなの「は

かる」を用いております.

・「単位」は,比較の基準として選んだ一定量のことで,その名称を具体的に表現するのを「単位記号」といいますが,文中,「単位」を「単位記号」という意味で使っていることもあります.なお,「m」「kg」などの表記については「記号」としました.

・単位名の表記は,文脈や可読性を考慮し,記号またはカタカナ表記を適宜用いています.
　　例:「m」「メートル」,「kg」「キログラム」.

・人名の欧文表記は基本的に英語表記ですが,ドイツ人,フランス人,イタリア人などは,自国語表記としました.
　　例:ガウス(Carl Friedrich Gauß)なお,Gauss は英語表記.
　　　　アンペール(André-Marie Ampère)
　　　　ヴォルタ(Alessandro Giuseppe Antonio Anastasio Volta)

・人名表記と単位名の表記が固有名詞としてそれぞれ定着している場合,カタカナ表記が異なっているものもあります.例えば電気関係で功績のあった「ヴォルタ」にちなむ「ボルト」や「ボルタ電池」などです.「ケルヴィン」にちなむ「ケルビン」もそのように表記しました.教科書表記に準じています.

・「リットル」について,年配の方は「ℓ」の表記で教わったと思いますが,現在の小学校で使用する記号は「L」になっています.本文では「ℓ」を用いていますが,必要に応じて本文に L の事も記しています.

・単位名の中には複数の意味があるのもあります.例えば,石,畝,歩,シェケルなどです.歩は,「ぶ」と「ほ」の読み方があり,意味も異なります.また,長さ,面積などの意味があり,中国と日本では長さの基準も異なります.中国では同じ歩でも,時代によって基準の値が異なります.そのため,本文ではその項目に則した範囲での説明としています.

・ヤード・ポンド法に用いられている基本単位の値は,原器の経年変化と各国で使用する器の状況などにより,そして時代により異なり,変化しています.

・日本の命数法に大数と小数があります.本書のカテゴリーでは大数は半端のない数ですから「数える」,小数は「はかる」としました.はかるときは,はんぱがでます.そのために,分数や小数が発明されたからです.もともと小数は,1 に満たない数という意味で,1/2,2/3 なども小数でした.よって「はかる」としました.「はかる」は,小さい単位を数えることですから,「数える」の拡張になっています.

ix

I　概説編

Ⅰ　概説編

1. プロローグ

　人類は，猿から進化したといいます．この猿は，アフリカの森の樹上で，木の葉を食べて生活していましたが，いつの頃からか直立歩行を覚え，狩猟生活に移行したようです．何万年か前，人類は最初のハンターとして世界に広がり，ベーリング海峡を越えて，南アメリカまで到達しています．

　馬やマンモスなどの狩りは，共同を必要とします．勢子となって馬を脅し，谷から転落させて殺す，というような技も，行われたことでしょう．古代の壁画にも，弓を持って狩りをする人々が描かれています．

　この時代には，すでに石器の利用を知っていたようで，世界各地にその痕跡があります．1936年チェコ共和国モラヴィア（Moravia）地方のブルノから南へ35kmにあるドルニ・ヴェストニッツェ（Dolini Vestonice）の後期旧石器時代の遺跡からは，数を記録したオオカミの骨が発見されています．発見者は考古学者のカレル・アブソロン（Karel Absolon, 1877‐1960）です．これには，55本の平行な刻み目が見られます．初めの25本は，5本ずつまとめられていました．およそ27,000年前と思われますが，数えることを知ったのは，それより遡るかもしれません．

　やがて人類は，このような収集経済を脱出して，イモやウリなどの栽培，また羊などの飼育を始めます．これらの物は，1個，2個，1頭，2頭と数えることができます．このように数えられる物の名前を，**カウントナウン**（count noun）といいます．**可算名詞**ともいいます．

　地球の温暖化に伴い，世界各地で穀物栽培が始められ，人類の生活が一変します．耕地は共同で作られ，播種も収穫も共同で行われ，収穫は共同倉庫に納められて，分配されたようです．農耕を始めた人類は，アフリカを出た第2の遠征隊かもしれません．

　穀物の分配は，1粒，2粒と数えていたのでは間に合いません．それで，

2

嵩や目方を比較して分配が行われたと思われます．このように数えきれない
ものの名前を，**マスナウン**（mass noun）といいます．**不可算名詞**ともいい
ます．

　mass は，大量で数えきれない，という意味ですが，嵩も，目方も，mass
と呼ばれるようになりました．一般に，**量**を mass と呼びます．今では，高
度な物理学の概念である質量も，mass と呼ばれています．

　ところで，穀物との出会いによって食糧に余剰が生まれ，階級社会が生ま
れました．徴税や，労務の割り当てなどを行う目的で書記が養成され，数学
が開発されました．権力を象徴する建造物のための数学も，生まれています．

　これら書記は，粘土板や，パピルス，竹簡，木簡などを書き残しています
が，これらの記録がなされる前に，かなりの言語文化が発達していたと思わ
れますが，詳細を知ることはできません．

　ところで，量をはかる単位は腕の長さや指幅などを用いる素朴なものでし
たが，階級社会の成立とともに，国家基準が定められました．これを，**度量
衡**といいます．量を測定する必要から，**小数**，**分数**が発明されます．

　本書は，「数えること」や「はかること」，「単位」を扱っています．

　実は，「はかる」というのは，単位の数を数えることです．したがって，
はかるは，数えるの発展したものと考えることができます．

　それでは，まず，「数えること」から見ていきましょう．

2. 数えること

数の概念

　上述のドルニ・ヴェストニッツェの人びとは，鳥か，牛か，マンモスか，
あるいは日の出かわかりませんが，これらの違いを考えずに，数だけを考え

Ⅰ　概説編

て刻み目をつけました．性質の違いを考えないことを，**捨象**といいます．また，ひとつである，ふたつである，といった，共通の性質を抜き出すことを，**抽象**といいます．

概というのは枡に米などを入れて摺り落とす棒のことですが，概を使って共通でない性質を捨象し，共通の性質を持つものをひとまとめにすることを，**概括**といいます．また，概括によって得られた観念（イメージ）を，**概念**といいます．**数**は，このような概念の1つです．人類は，数という概念を発見するまでに，何万年もの年月を必要としたことでしょう．

数詞

数は，ひとつ，ふたつ，みっつ，よっつなどと数えます．また，1個，2個，3個，4個などと数えます．このように，数を表す言葉を，**数詞**といいます．また，「つ」や「個」を，**助数詞**といいます．

民族によっては，ひとつ，ふたつ，たくさん，でおしまいになるところもあるようです．八重桜などというのも，八が「たくさん」の意味を表現していた時代の名残です．

数字の発明

古代バビロニアの人びとは，オオカミの骨ではなく，粘土板に四角い棒の角を押し当てて，刻み目をつけました．その形が決まっていたので，いちいち刻み目の数を数えなくても，形を見るだけで数がわかりました．数を表す文字が発明されたのです．数を表す文字を**数字**といいます．

古代バビロニアの数字を図で示すとつぎのようです．10 をひとまとめにして別の形くにしています．また，60 をひとまとめにしています．このように，10 個ずつまとめたり，60 個ずつまとめたりする数え方を，**十進法，六十進法**といいます．

4

0	𒌋𒌋												
1	𒁹	11	𒌋𒁹	21	𒌋𒌋𒁹	31	𒌍𒁹	41	𒐏𒁹	51	𒐐𒁹	61	𒁹 𒁹
2	𒁹𒁹	12	𒌋𒁹𒁹	22	𒌋𒌋𒁹𒁹	32	𒌍𒁹𒁹	42	𒐏𒁹𒁹	52	𒐐𒁹𒁹	62	𒁹 𒁹𒁹
3	𒁹𒁹𒁹	13	𒌋𒁹𒁹𒁹	23	𒌋𒌋𒁹𒁹𒁹	33	𒌍𒁹𒁹𒁹	43	𒐏𒁹𒁹𒁹	53	𒐐𒁹𒁹𒁹	63	𒁹 𒁹𒁹𒁹
4		14		24		34		44		45		65	
5		15		25		35		45		55		65	
6		16		26		36		46		56		66	
7		17		27		37		47		57		67	
8		18		28		38		48		58		68	
9		19		29		39		49		59		69	
10	𒌋	20	𒌋𒌋	30	𒌍	40	𒐏	50	𒐐	60	𒁹 𒌋𒌋	70	𒁹 𒌋

十進法の場合は，数字は 0 から 9 までで，9 の次は 10 です．1 は，まとまりが 1 つあることを，0 は，バラがないことを示します．35 は，まとまり 10 が 3 個，バラ 1 が 5 個あることを示します．

六十進法では，数字はゼロ（𒌋𒌋）から 59 （𒐐𒁹𒁹𒁹）までです．60 は，𒁹 𒌋𒌋 と表します．𒁹 はまとまり 60 が 1 つあることを，𒌋𒌋 はバラがないことを表します．例えば 85 は，60＋25 ですから，𒁹 𒌋𒌋𒁹𒁹 と書きます．

大きな数

吉田光由著『塵劫記』には，「大数の名」という項目があります．十，百，千，万，十万，百万，千万，一億，となります．1 億の 1 万倍が兆，その 1 万倍が京(けい)，その 1 万倍が垓(がい)，その 1 万倍が秭(じょ)，さらに 穣(じょう)，溝(こう)，澗(かん)，正(せい)，載(さい)，極(ごく)，恒河沙(ごうがしゃ)，阿僧祇(あそうぎ)，那由他(なゆた)，不可思議(ふかしぎ)，無量大数(むりょうだいすう)となっています．十進法と，万進法が併用されています．

十進法というのは，十個をひとまとめにします．ひとまとめが 3 個で，バラが 2 個であれば，32 と表します．十は，ひとまとめが 1 個でバラがありませんから，10 と表します．十を十個まとめたものを，百といいます．百は 100 と表します．その上も同じです．

平年は三百六十五日ですが．これは（3×100＋6×10＋5）日です．位取

I 概説編

り法（次項参照）では，365 日と表します.

算用数字

　私たちは，0，1，2，3，4，5，6，7，8，9 の 10 個の数字を用いて，どんな数でも表すことができます．この 10 個の数字は，インドで発明され，アラビアを経てヨーロッパに伝わり，全世界で用いられるようになりました．それで，インド・アラビア数字と呼ばれていましたが，現在は単に**算用数字**と呼ばれています.

　この数字では，同じ 1 が，位取りによって，10 も，100 も，1000 も，10000 も表すことができます．365 は，300＋60＋5 を表します．このような記数法を，**位取り法**といいます.

自然数

　ものの個数を表す数は，1，2，3，4，5 などです．半端がありません．このように半端のない数を，**自然数**といいます．0 も半端がありませんから，自然数に入れる国（例えばフランス）もあります．日本では，自然数に 0 を入れません．半端のない自然数と 0 や，－1，－2，－3 などを合わせて，**整数**としています.

3. はかること

単位

　64 年ほど前のメソポタミア北部の都市テル・ブラク（現シリア，ハッサケ地方）の遺跡から，同じ形，同じ大きさの土器が大量に発見されました．おそらく，大麦の体積をはかっていたのでしょう．このように，もとになる体積を決めて，それがいくつあるかで全体の体積を調べるとき，もとになる

6

体積を**単位**といいます.

　エジプトの神官マネトーが書いた『年代記』には, 第 12 王朝のセンウセ
レト 3 世の身長が, 4 キュービット 3 パーム 2 ディジットであったと書か
れています. キュービットは肘の下端から中指の先端までの長さです. パー
ムは手のひらの横幅です. ディジットは指の横幅です. これで, 王の身長が
再現できます. キュービット, パーム, ディジットのように, 基準とした長
さも, やはり単位といいます. 次々に小さな単位を用いていることがわかり
ます.

　キュービットの数を数えることを, 「キュービットを単位として, 長さを
はかる」といいます. はかることを, **測定**といい, 測定によって得られた数
を, **測定値**といいます. 4 キュービットは長さを表していますが, キュービ
ットという単位の名前が書かれていますから, **名数**といいます. 測定値は 4
で, 名前がありませんから, **無名数**といいます. パームやディジットの場合
も, 同じです.

　これらの単位は, 初めは別々であったと思われますが, 王政が始まり, 度
量衡の制度が整備されると,

　　　　　　1 キュービット＝7 パーム

　　　　　　1 パーム＝4 ディジット

というふうに, 比率が定められました.

　このとき, 7 は, 1 キュービットを 1 パームを単位として測定したときの
測定値です. 4 は, 1 パームを 1 ディジットを単位として測定したときの測
定値です.

分数

　自然数や整数では, 半端な数を表現することはできません. それを補足す
るために考えられたのが, 分数であり, 小数です.

　前項から, 1 パームはキュービットを 7 等分した 1 つですから, $\frac{1}{7}$ キュー

I　概説編

ビットと書くことにします．これは 1 キュービットを単位としてはかった測定値が $\frac{1}{7}$ であることを示します．このとき，3 パームは，$3 \times \frac{1}{7}$ パームです．これを，$\frac{3}{7}$ パームと表します．

$\frac{3}{7}$ パームは長さで，名数ですから，$\frac{3}{7}$ は測定値で，数の仲間です．このような数を，**分数**といい，7 を分母，3 を分子といいます．分数の分母，分子は，整数です．整数と分数とを合わせて，**有理数**といいます．

$\frac{3}{7}$ には，2 つの意味があります．一つは，$\frac{1}{7}$ を単位として測定した測定値が 3 であるという意味です．このとき，$\frac{1}{7}$ は分数をはかる単位ですから，**単位分数**といいます．もう一つは，7 倍すると 3 になる数である，という意味です．

同じように，1 ディジットは $\frac{1}{4}$ パーム，$\frac{1}{28}$ キュービットと表されます．

このとき，王の身長は，

$$\left(4+\frac{3}{7}+\frac{2}{28}\right) \text{キュービット}$$

と表されます．エジプトのキュービットは，およそ 45.72cm ですから，王の身長はおよそ 2m6cm であったようです．

$\left(4+\frac{3}{7}+\frac{2}{28}\right)$ キュービットは，王の身長がキュービットという単位のいくつ分であるかを示す名数ですから，「王の身長の値」と呼ぶことにしましょう．

このとき，王の身長を，「キュービットを単位としてはかる」といいます．$\left(4+\frac{3}{7}+\frac{2}{28}\right)$ は，王の身長が，キュービットという単位のいくつ分であるかを示す数ですから，「測定値」です．

王の身長そのものと，王の身長の値（名数）と，王の身長をキュービットという単位ではかった測定値（無名数）の 3 つは，別々の概念です．

小数

吉田光由著『塵劫記』には，**小数**の名もあります．両(りょう)，文(もん)，分(ぶ)，厘(りん)，毫(もう)，絲(し)，忽(こつ)，微(び)，繊(せん)…などとなっています．実は，小数というのは，1より小さい数という意味です．両は10，文は1ですから，後の版では，両，文がなくなり，分，厘，毫などとなりました．分は1を10等分した数で$\frac{1}{10}$です．厘は分を10等分した数で，$\frac{1}{100}$です．以下同じく$\frac{1}{10}$ずつ小さくなっていきます．

エジプトでは，小さい単位として，$\frac{1}{7}$や$\frac{1}{4}$を用いました．

メートル法では，1メートルの$\frac{1}{10}$を1デシメートル，その$\frac{1}{10}$を1センチメートル，その$\frac{1}{10}$を1ミリメートルなどとします．身長が1メートル7デシメートル4センチメートル5ミリメートルの場合は，「1.745m」と表します．1.745を，10進小数といいます．

0.745のように，1より小さい数を，小数といいます．1.746は，整数1を含みますから，小数ではなく，**帯小数**といいます．

アメリカのエール大学の所有するバビロニアの粘土板に，右のような図が描かれたものがあります．正方形の対角線上に，1，24，51，10と書かれています．

これは，$1+\frac{24}{60}+\frac{51}{60^2}+\frac{10}{60^3}$を表します．これは，60進小数です．1辺の長さを単位として対角線の長さを測定した測定値の近似値が書かれています．

真の測定値をxとすると，$x^2=2$です．このxは測定値ですから，やはり数の仲間ですが，分数では表されません．このような数は，**有理数**（rational number）ではないので，**無理数**（irrational number）といいます．

Ⅰ　概説編

負の数・実数

　氷点下1度，2度，3度などを，－1℃，－2℃，－3℃などと表します．
この－1，－2，－3なども，測定値の仲間とみなして負の整数と呼ぶこと
にします．同じように，負の分数，負の小数も数の仲間とします．

　これまで紹介した整数，小数，分数は，正の数と呼ぶことにします．正の
数，0，負の数をあわせて**実数**といいます．負の数は正の数と向きが反対で
す．実数は向きを持つ数です．

方向を持つ数・複素数

　ノルウエーの測量技師ヴェッセルは，実数が向きを持つなら，方向を持つ
数もあるはずだと考えました．そこで，座標平面上の点（a, b）が1つの
数を表すものと考えました．横軸を数直線とし，数（a, 0）を実数aと考え
ました．

　ところで，（1, 0）は実数の1ですから，乗法の単位元です．かけた時，
かけられた数は，元のままです．したがって，

$$(1, 0)\times(0, 1)=(0, 1)$$

が成り立ちます．一般に，ab＝ba が成り立ちますから，

$$(0, 1)\times(1, 0)=(0, 1)$$

（0, 1）をかけると，数（1, 0）は原点の周りに，90°回転します．一般に，

$$(0, 1)\times(c, d)=(-d, c)$$

が成り立ちます．したがって，

$$(0, 1)\times(0, 1)=(-1, 0)$$

となります．ヴェッセルは（0, 1）$=\varepsilon$ と置き，$\varepsilon^2=-1$ を得ました，ε は
高校で学ぶ虚数単位ですから，（0, 1）は虚数単位 i です．

$$(a, b)=(a, 0)+(0, b)=a(1, 0)+b(0, 1)=a+bi$$

となります．（a, b）が複素数であることが確かめられました．

　複素数の和は，（a, b）＋（c, d）＝（a＋c. b＋d），複素数の積は，

10

3. はかること

$$(a, d) \times (c, d) = (a, 0) \times (c, d) + (0, b) \times (c, d)$$
$$= a(1, 0) \times (c, d) + b(0, 1) \times (c, d)$$
$$= a(c, d) + b(-d, c)$$
$$= (ac, ad) + (-bd, bc)$$
$$= (ac - bd, ad + bc)$$

と計算されます.

量の概念

　長さは, 単位を決めて測定することができました. 同じように, 体積も, 面積も, 目方も, 重さも, 時間も, 角の大きさも, 単位を決めて測定することができます. このように,「単位を決めて測定することができる」という共通の性質を持つものをひとまとめにした概念を, 量といいます.

　前にも書きましたが, 共通の性質を抜き出すことを抽象といい, その共通の性質を持つものをひとまとめにすることを概括といいます. 概は, 枡に米などを入れたときに擦り切る棒です. 共通でない性質を擦り切ってまとめるのが概括です. 概括によって得られた観念（イメージ）が, 概念です. 個々の概念を種, 種をまとめたものを類, 最大の類をカテゴリーといいますが, 量は, このカテゴリーにあたります.

　量は, 意識の外に, 意識とは独立に, 実在しているものです. ですから測定値も, 客観的に, 唯一, 確定すると考えることができます. しかし, 実際に測定すると, さまざまの要因によって, 誤差が生じます. ドイツの数学者ガウスは, 天体観測を行って, 実測値の誤差が山型分布をすることを発見しました. このような分布を, ガウス分布といいます. それで, 測定値としては, 複数回の実測値の相加平均を採用することにしています（Ⅱ. 事典編の「ガウス」「ガウス分布」の項を参照）.

　1メートルの1も, 1平方メートルの1も, 1リットルの1も, 1グラムの1も, 同じで, 区別はありません. 時間と, 角の実用単位とは, 六十進

Ⅰ　概説編

法になっていますが．3時間の3も，3分の3も，3秒の3も同じ3であり，区別はありません．

　コラム①　測定値と実測値

　ある量が，基準として選んだ同種の一定量の何倍であるかを知ることを「その一定量を単位としてはかる」といいました．また，何倍であるかを示す数を「測定値」といいました．言うまでもなく，測定値はただひとつ決まります．ところが，実際に測定してみると，そのつど，値が微妙に異なります．それで，実際に測定した値を「実測値」といいます．一般には，何回か実測を行って，実測値の相加平均を測定値とします．実測値は，真の測定値の前後に分布すると仮定しています．C. F. ガウス（Carl Friedrich Gauss, 1777‐1855）が，天体の観測を行って，この法則を発見したので，この分布を，ガウス分布といいます（Ⅱ．事典編の「ガウス分布」の項を参照）．

　コラム②　「はかる」と「くらべる」を平仮名に書く理由

はかる

　「はかるとは知ることである」誰が言ったのか，これは名言です．たしかに人間は「はかる」ことによって情報をつかみ，得た情報を次の行動の手がかりにしています．つまり，「はかる」ことは「生きる」ことであり，生きるためには，「はかる」ことが欠かせないのです．

　「はかる」を漢和辞典で引くと，次のような漢字が載っています．図・計・料・撥・揣・測・量・詢・銓・権・諏・謀・諮・議などがあります．

3. はかること

それでは，これら文字の根底にある「はかる」とはいったい何でしょうか．もちろん，もともとの意味は数量・大小などを計測して知る行為ですが，そこから派生して，性質・原因・方法を前もって知ること，相談して知ること，それを実行に移すことまで意味が広がっていきました．さらに「だます」行為にも使われるようになり，「はかりごと」などという言葉も生みました．このように「はかる」は，「長さをはかる」のように具体的な場合だけでなく，抽象化された世界，人の心，精神までを含む幅広い意味合いを持って使われています．英語で「はかる」を意味する動詞measure も状況は似ており，実体のあるものを「はかる」ことから，抽象概念を「はかる」にまで使われています．

あらためて虫眼鏡でズームインして「はかる」の漢字，意味を調べてみると，「はかる・かぞえる」（測，量，寸），「くらべる・判断する」（程，訂），「計画する」（略，謀），「考える」（忖，料），「相談する」（訪，諮）などの意味があります．『大漢和辞典』（大修館）によると，「はかる」という漢字は 137 字あります（次頁の表）．本文に「はかる」と，わざわざ「平仮名」にしたのは，漢字 1 文字では表現できなかったからです．

人物・才能を調べる試験のことを「選考試験」といいます．現代表記では「選考」ですが，もとは「銓衡」．「銓」は分銅の意味で，そろえたものの中からはかり選ぶこと．「衡」ははかり棹のことで，重さをはかり，値打ちをくらべることです．まさしく「選考試験」は，そろえた人物の中から，価値のあるふさわしい人を選ぶ試験なのです．

くらべる

ものをくらべることを「比較」といいます．「比」も「較」も「くらべる」という意味です．しかし，もともと「比」と「較」の漢字の意味が異なります．

例えば，ここに大きなリンゴと小さなリンゴの 2 つがあるとしましょ

13

う．重さをくらべるとき，秤に載せてはかります．そして引き算でくらべることを「較べる」といいます．その結果を較差といいます．また小さなリンゴは大きなリンゴの何倍あるのかを割り算でくらべることを「比べる」といいます．その結果を「比率」といいます．熟語として比差とか較率とはいいません．較差と比率を総合的に「くらべる」ことを「比較」というのです．比率は日常的に使われる言葉ですが，較差は「測量学」などに使われ，日常的にはなじみがない言葉です．

「はかる」の漢字表記（大修館『大漢和辞典』より）

4. 量とディメンション

　私たちの暮らしている世界は，前後，左右，上下に広がっています．これらの方向を，**次元**（ディメンション：dimension）といいます．この世界は，3次元空間です．もう1つ，過去，現在，未来の時間軸まで入れると，4次元世界です．

　自然科学の分野では，物理量を表現する基本となる量を3つにしました．それらは長さ（length），質量（mass），時間（time）です．これは，次元と同じように独立ですから，同じく，それぞれの次元（dimension）を持っています．記号はそれぞれ，$[L]$，$[M]$，$[T]$で表します．この3つの量の単位を，**基本単位**といい（国際単位系では，基本単位は7つです），多くの単位は3つの量の単位の組合せで表現できます．例えば，

　　面積は　長さ×長さ＝$[L]×[L]＝[L^2]$

　　体積は　長さ×長さ×長さ＝$[L]×[L]×[L]＝[L^3]$

　　速度は　長さ÷時間＝$[L]/[T]＝[LT^{-1}]$

　　加速度は　速度÷時間＝$[LT^{-1}]/[T]＝[LT^{-2}]$

　　力は，質量×加速度＝$[M]×[LT^{-2}]＝[MLT^{-2}]$

　　（$[\ \ ]$は，ディメンションを表す記号）

のようになります．

　角度は，長さ，質量，時間と独立なディメンションですが，一般にノンディメンション（次元をもたない）としていますので，混乱を避けるため，本書でもノンディメンションとしました．

長さ　length

　直線や曲線には，長い短いがあります．その度合が**長さ**で，単位は例えばメートル（m）で表します．人の背丈には，高い低いがあります．それは長さ

I 概説編

で表すことができ，身長と呼んでいます．場所には，近い遠いがあります．その度合を**距離**といいます．距離も長さで表すことができます．長さのディメンションは，〔L〕です．

面積　area

　面積は，例えば平方メートル（m²）で表されます．そのため，面積は長さと不可分に結びついていると思われています．

　しかし，形の不規則な棚田の面積は，長さでは計算できません．したがって，古代・中世の日本では 1 束の稲が収穫される田の面積を，1 代と呼んでいました．1 束の稲は，つくと米 5 升が得られます．

　イギリスでも，耕地はアイランドファーム（island farm）と呼ばれ，島のように形はまちまちでした．そのため，牛 2 頭に犂を付けて 1 日に耕す広さを，1 エーカーと呼びました．

　面積は，収穫や労働といった農耕と結びついて，発見されたのでした．

　束というのは，稲が鋭利な鎌などで刈られたことを示します．弥生時代には，共同で耕作し，共同で収穫し，共同の倉庫に収めていました．収穫は，穂摘みでした．鋭利な刃物がなかったためでもありますが，早稲，晩稲が混在して，根刈りができませんでした．この時代には，面積は意識されなかったでしょう．共同耕作でしたから，ここは私の田だ，というような私有の意識がなかったと思われます．遊牧ではありませんが，洪水などのため，数年で放棄されることもあったでしょう．

　不思議なことに，中国には，労働や収穫と結びついた面積の単位が存在しません．おそらく「焚書坑儒」（秦王朝が統治していた時代に起きた思想弾圧事件．焚書は書物を焚く，つまり燃やすこと，そして坑儒は儒学者を坑する，つまり生き埋めにすること）によって失われたのでしょう．

　中国古代の数学書である『九章算術』に注をつけた劉徽は，「横と縦の歩数を掛け合わせると面積の歩数を得る」と書かれており，「横と縦を掛け合

16

わせると面積を得る」としています．つまり，面積が長さの積と認識されていたことがわかります．したがって，面積をＳと表すと，面積のディメンションは〔S〕＝〔L²〕となります．

かさ・体積　volume

　枯葉や収穫した麦などを積み重ねたものの高さを，**かさ**といいます．漢字で「嵩」と書きます．山になった高さを文字にしたものです．そこから，かさはジュースや麦など，物の分量を表す言葉になりました．かさは，**体積**ともいいます．以下，本文では主に体積の語を用いることとします．

　バビロニアでは，大麦 180 粒の体積を，1 シェケルと呼びました．中国では，黄鍾の音を出す笛に詰めた秬黍 1,200 粒の体積を，1 龠といい，その 2 倍を 1 合と決めています．龠は笛のことです．どちらも，穀物の体積がもとになっています．

　人類が生み出した文化はカルチャーといいますが，カルチャーは，農耕のことです．

　米や麦，液体の体積は，枡や計量カップではかることができます．長さから計算しないでも体積がわかりますから，**直接測定**といいます．

　古代ギリシアの数学者アルキメデスは，王冠に混ぜ物があるかどうか調べるように命ぜられ，王冠を壊さずに体積を知るにはどうするかで悩んでいました．湯がいっぱいになっていた銭湯に入ったとき，湯があふれるのを見て，「エウレカ」（わかったぞ）と叫んで，裸で家に走って帰ったといいます．あふれた湯の体積から，王冠の体積をはかる方法を思いついたのでしょう．体が軽くなるのに気がついたからともいいます．水に沈めた王冠には浮力という上向きの力が働きます．その大きさは押しのけた水の重さと同じです．王冠の重さをこの重さで割れば比重が出ます．このときは，体積はいりません．

　ところで，煉瓦のように形を変えることができないものの体積は，例えば縦 3cm，横 4cm，高さ 5cm であれば，縦，横，高さが各 1cm である立方

17

I　概説編

体が，底面に3×4＝12個あることと同じです．これが5段ありますから，全部で3×4×5＝60個あります．1個の体積を1立方センチメートルとすれば，全体の体積は，60立方センチメートルです．このように，計算によって体積を求める方法を，**間接測定**といいます．

　今から3,800年ほど前，エジプトの書記アーメスが書き残したパピルスには，縦と横を掛けて底面の面積を計算し，それに高さを掛けて体積を計算する問題が書かれています．体積をVと表すと，体積のディメンションは〔V〕＝〔L³〕です．

目方・質量　mass

　穀物の分配や売買には，枡（ます）が用いられていました．しかし，枡では，詰め方によって，かなりの差が出ます．わざと軽く詰める場合もあったことでしょう．そこで，目方ではかることが主流になりました．

　『広辞苑』や『大辞林』では，目方を，秤ではかった重さであるとしています．『世界大百科事典』（平凡社）では，貫目は質量（目方）の単位である，としています．つまり，目方は重さであるという見解と，目方は質量であるという見解とが存在することが明らかになりました．本書では，混乱を避けるため，目方という語を使用しないことにしました．

　ところで，『広辞苑』『大辞林』は，秤（はかり）は重さ（目方）をはかる道具であるとしていますが，これは，やや舌足らずな表現です．中国の『墨子』には「力，重之謂」とあります．力は，重さの事である，言い換えれば，重さは重力の大きさであると言えるでしょう．重力は，赤道上では，地球の自転によって生まれる遠心力の影響で，両極地方より0.5％ほど軽くなっています．それで，バネ秤の場合は，はかる場所によって秤の目が変わりますが，天秤や棹秤（さおばかり）の場合は，物体の重さも分銅の重さも同じ割合で軽くなりますから，秤の目は変わりません．月の重力は地球の重力のおよそ6分の1ですが，天秤や棹秤の目は，地球上ではかった値と同じです．重さのように場所によって変わる

18

4. 量とディメンション

秤の目と，棹秤の目のように場所によって変わらない秤の目とがあるのです．

米，味噌，醤油，肉のような物質の量は，どこに持って行こうが，増えも減りもしません．重力の大きさは，この物質の量に比例しています．重力の大きさを比較してはかる物質の量を「重力質量」といいます．天秤や棹秤の目方は，重力の大きさを比較して重力質量を測定しています．これに反して，バネ秤は，重さ，重力の大きさそのものを示しているのです．

物質の量が多いと動きにくいこともわかっています．お寺の釣鐘が家の軒先に吊るす風鈴より動きにくいのは，物質の量が多いからです．動きにくさをくらべてはかった物質の量を「慣性質量」といいます．ガリレオの落体実験では，重いものと軽いものを同じ高さから同時に手放すと，同時に着地しました．重さが2倍，3倍になると，動きにくさも比例して2倍，3倍になるからです．慣性質量が重力質量に比例することが証明されました．

しかしガリレオには，慣性質量という概念がなかったと思います．慣性質量という概念は，ニュートンの「運動の方程式」によって発見されたものです．なお20世紀に入って，アインシュタインは相対性理論で慣性質量と重力質量とが，実は同じものであることを証明しました．慣性質量と重力質量とは，同一の質量の2つの現象形態にすぎないことがわかったのです．歴史的に重量という言葉が先で，質量が後にできた言葉です．重量は場所によって異なります．ある物体を月に移動すると，重量は地球の1/6です．しかし，質量は変わりません．場所によって不変な質量，この高度な物理概念である「質量」が生まれるまでには，ガリレオ，ニュートンからアインシュタインまで，実に長い年月が必要でした．

質量の基準となるのは，1989年の国際度量衡総会で採用された国際キログラム原器です．国際キログラム原器の質量は，1キログラムです．ただ，原器は年数が経つにつれ，わずかながら金属表面への吸着物などによって重くなる傾向がありますので，適当な定義に変えようとしていますが，まだ決まっていません．

19

I 概説編

質量のディメンションは〔M〕です.

時間　time

時間が何者であるか，始まりがあったか，終わりがあるのかは，謎です.ただ，地球が等速で自転すること，月が満月になってから次に満月になるまでの時間が一定であること，地球が太陽を1つの焦点とする楕円軌道に沿って等周期運動をすること，振り子の周期が一定であること，原子の運動も等周期であることが知られるようになりました.それで，時間は，一定の速さで経過すると確信されるようになりました.

天の赤道上を，真太陽（実際の太陽の位置）の平均角速度に等しい角速度で西から東に移動する仮想の平均太陽を考え，平均太陽が南中してから次に南中するまでを24時間とし，1時間を60分，1分を60秒と決めていました.ところが，地球の自転は，潮汐摩擦などのため，遅くなっていることがわかりました.そのため日本では1958年4月に，「秒は，1899年12月31日午後9時における地球の公転の平均角速度にもとづいて算出した1太陽年の31556925.9747分の1とする」と決めました.これは「暦表秒」と呼ばれます.

1967年に，「秒は，セシウム133原子の基底状態の2つの超微細準位（F＝4，M＝0およびF＝3，M＝0）の間の遷移に対応する放射の9192631770周期の継続期間」と定められました.これは「原子秒」と呼ばれています.

時間のディメンションは〔T〕です.

速さ・速度・加速度　speed・velocity・acceleration

小石を落とすと，落ちるにつれて落ち方がだんだん速くなります.移動の様子が速いか遅いかを表す言葉が**速さ**です.速さは，例えば1秒間に何メートル移動するかで示し，その移動距離を秒速といいます.同じように，1

20

4. 量とディメンション

分間に移動する距離を分速といい，1時間に移動する距離を時速といいます．秒速も，分速も，時速も，距離であって，ディメンションは〔L〕です．

ところで，時速30kmの速さといえば，もしその速さで1時間移動したとすれば30km移動することになります．

速さは足すことも引くこともできます．時速30kmの船が時速4kmの川を下流に向かうときの速さは時速30＋4＝34kmです．上流に向かうときは時速30−4＝26kmです．速さは足し引きができますから，はかることができます．したがって，速さは量です．速さは，長さでもなく，時間でもない，新しい量です．

時速30kmの速さは，時速1kmの速さの30倍です．それで，時速1kmの速さを単位とし，単位の記号をkm/hと表すことにすると，時速30kmの速さは，30km/hと表されます．

時速30kmの速さで2時間走ると，60km走ったことになります．この関係を，

　　　　時間×速さ＝距離

と表してみましょう．

このとき，

　　　　速さ＝距離／時間

と表されます．したがって，速さのディメンションは，〔LT^{-1}〕と表します．

道路に沿って歩くとき，歩いた長さを，道のりといいます．このときは，

　　　　速さ＝道のり／時間

です．

川の上り下りや野球のボールの運動のように向きを持った移動の場合は，**速度（velocity）**といいます．速度の大きさが速さです．先ほどの船の速度は，下流方向を−（マイナス）とすると，

　　　　下りの速度＝−30kn/h − 4km/h＝−34km/h

21

I 概説編

　　　　上りの速度＝30km/h－4km/h＝26km/h
となります．

　野球のボールの場合は，水平速度を v_xm/s，鉛直速度を v_ym/s とすると，速度は，(v_xm/s, v_ym/s) と表されます．m/s は毎秒 1m の速さです．このように，方向を持つ速さも，速度といいます．速度のように方向を持つ量を，**ベクトル**といいます．

　先ほどの船が横断する場合は，
　　　　(30km/h, 0km/h)＋(0km/h, －4km/h)＝(30km/h, －4km/h)
ですし，上流に向かうときは，
　　　　(0km/h, 30km/h)＋(0km/h, －4km/h)＝(0km/h, 26km/h)
下流に向かうときは，
　　　　(0km/h, －30km/h)＋(0km/h, －4km/h)＝(0km/h, －34km/h)
となります．

　小石の落下運動の場合，t 秒後の速度を vm/s とすると，
　　　　$v = 9.8t$
の関係があります．よって，速度は，1 秒間に 9.8m/s だけ速くなります．

　このような速度の変化を，**加速度**といいます．落下運動の加速度は，9.8m/s/s あるいは 9.8m/s^2 と表すことができます．加速度のディメンションは，〔LT^{-2}〕です．

　半径 r の円周上を，一定の角速度 ω で回転する円運動の場合は，座標は，($r\cos(\omega t)$, $r\sin(\omega t)$) です．したがって，速度は，
　　　　($-r\omega\sin(\omega t)$, $r\omega\cos(\omega t)$)，
　加速度は
　　　　($-r\omega^2\cos(\omega t)$, $-r\omega^2\sin(\omega t)$)
となります．加速度は円の中心に向かっ

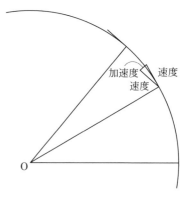

ています. 速さは一定ですが, 方向が刻々変化します.

　月が地球のまわりを回る公転運動でも, 速さは何万年も変わりませんが, 小石と同じように刻々落下して, 円運動を続けているのです. くわしくは, 事典編の「三角関数の微分」の項をご覧ください.

重さ・力・圧力　weight · power, force · pressure

　重さは, 重いか軽いかを表す言葉です. 重さは, その物体に働く地球の引力によって生まれます. 地球の引力は, 重力ともいいます. 重さは, 重力の大きさです. したがって, 重さは力です.

　静止している物体を動かしたり, 運動している物体の向きを変えたり, 物体の形を変えたり, また破壊したりする作用を, **力**といいます.

　バネ秤は, 力の大きさをはかる道具で, 重さをはかることができます. 重さは, 赤道上では, 地球の自転の遠心力によって, 両極におけるより少し軽くなります. そのため, パリにおいて1グラムの物体に働く重力の大きさを1グラム重と名づけ, 重さの単位としています. バネ秤の目盛は, グラム重となっています.

　小石が重力によって加速度運動をするように, 物体に力を働かせると, 加速度が生まれます. 加速度は力に比例し, 反対に, 力は加速度に比例します.

　力をf, 加速度をaとすると,

$$f=ma$$

という式が成り立ちます. mは比例定数です. このmを慣性質量といいます. 慣性質量は, 重力のもととなる質量と同じです.

　したがって, 力のディメンションは〔M×LT^{-2}〕, すなわち〔MLT^{-2}〕です.

　ところで, 気体や液体が面を押す力を, **圧力**といいます. 圧力は, 面積あたりの力の大きさで示します. 圧力＝力／面積ですから, 圧力のディメンションは, MLT^{-2}÷L^2＝MLT^{-2}×L^{-2}＝ML^{-1}T^{-2}より〔ML^{-1}T^{-2}〕です.

23

Ⅰ　概説編

仕事・エネルギー・工率　work・energy・power

　物体に力を加えて移動させるとき，力と距離の積を力学的仕事，あるいは単に**仕事**といいます．したがって，仕事のディメンションは$[ML^2T^{-2}]$となります．

　地球上では，質量 m の物体に，重力の速度 g が働くので，働く力は mg が働となります．これが重力です．この物体を重力 mg に逆らって高さ h まで持ち上げると，仕事は，mgh となります．

　地面との角が θ である斜面に沿って高さ h まで移動させると，移動距離 ℓ は，

　　　　　$\ell\sin\theta=h$ ですから，　$\ell=h/\sin\theta$

となります．このとき，物体に働く力は $mg\sin\theta$ ですから，摩擦がなければ，仕事は，

　　　　$mg\sin\theta\cdot h/\sin\theta=mgh$

となります．滑車を用いれば力は 1/2 となりますが，手繰り寄せる綱の長さは 2 倍になりますから，仕事はやはり mgh です．どんな方法を使っても仕事は変わりません．仕事は，不変量です．

　この物体を自然に落下させるとき，時間 t で地面に着いたとすると，

　　　　　$h=gt^2/2$，速度 $v=gt$

となります．よって，

　　　　$mgh=mggv^2/g^2/2=mv^2/2$

が成り立ちます．ディメンションはどちらも $[ML^2T^{-2}]$ となります．

　mgh を**位置エネルギー**，$mv^2/2$ を**運動エネルギー**といいます．

　途中の時刻を t とし，途中の速度を v，途中までの落下距離を h_1，$h=h_1+h_2$ とすると，

　　　　$mgh=mv^2/2+mgh_2$

が成り立ちます．$mv^2/2$ は，途中の瞬間の運動エネルギー，mgh_2 は，途中の瞬間に残っている位置エネルギーです．

4. 量とディメンション

　これからもわかるように，どの瞬間をとっても，運動のエネルギーと位置のエネルギーの和は一定です．これを「エネルギー不滅の法則」といいます．

　単位時間におこなった仕事を**工率**，あるいは**仕事率**といいます．工率のディメンションは〔ML^2T^{-3}〕です．

　なお，エネルギーに関連して，地震（earthquake）・放射能（radioactivity）について触れておきましょう．2011 年 3 月 11 日に東北地方に地震（東北地方太平洋沖地震）が発生し，福島第一原子力発電所がメルトダウンし大災害が発生しました．その結果，放射能にかかわるシーベルトやベクレルといった耳慣れない単位が登場しました．

角・角速度・角加速度・立体角
angle・angular velocity・angular accelertion・solid angle

　1 点から 2 本の半直線を引くと，平面が 2 つの部分に分かれます．大きい方を優角，小さい方を劣角といいます．大きさが同じであれば平角といいます．平角を 2 等分した角を直角といいます．これらの角は，図形です．

　ところで，2 本の半直線の開き具合を，角の大きさ，あるいは角度と呼ぶと，

　　　　　平角の大きさ＝2×直角の大きさ

と表されます．平角の大きさを，直角の大きさを単位として測定しているのです．このように，角の大きさは測定可能の量です．この量を，簡単に**角**と呼びましょう．角は，回転の大きさも表します．

　中国の『周髀』には，「太陽が 1 日に進む度」という言葉があります．この度は，黄道の弧の長さのことです．また，周天の度数は「365 と 1/4」度と書かれていますが，この度は角度ではなく，周天をはかる長さの単位です．また他のところに 1 年は「365 と 1/4」日と書かれていますから，度は，太陽が 1 昼夜に進む長さを意味します．

　バビロニアでは，完全円を 360 等分して，その 1 つの中心角をゲシュと

25

I 概説編

呼びました．六十進法におけるゲシュの1桁上の単位60ゲシュを，ソス（sussu）と呼びました．ソスは，ギリシア語ではソッソス（$\sigma\acute{\omega}\sigma\sigma o\varsigma$）といいます．ソスは，円を6等分した扇形の中心角の大きさです．

バビロニアの角の単位がインドから中国に伝わったとき，ゲシュが度と呼ばれることになりました．もっとも中国では，ずっと漢法の度が用いられ，バビロニアの角の概念が定着することはありませんでした．

1直角が半端な90度となったのは，1回転の角が360度と定められたからです．1度の1/60を1分，1分の1/60を1秒といいます．例えば30度24分15秒は，30°24′15″degreeと表します．30°24′15″は，degreeを単位として測定した測定値で，実数です．60進小数で表されています．

ソスでは，弦の長さが半径の長さと等しくなっています．弧の長さが半径の長さと等しいとき，その角を1ラジアンといいます．ラジアンは，弧度とも言います．1ラジアンは，57度17分44．806…秒です．平角はπラジアン，1直角は$\pi/2$ラジアンです．

静止衛星のように向心力で円運動をするときは，接線方向の分力は0ですから速さは変わりません．したがって，単位時間に回転する角は一定です．t秒間にθ度回転するとすれば，

$$\theta = at$$

の関係があります．このとき，角度の増加率は，a°/sと表されます．この新しい量を**角速度**といいます．本書では角はノンディメンションと決めましたから（p.15参照），角速度のディメンションは〔T^{-1}〕です．

静止している自転車のペダルを踏むと，ギヤは，チェーンによって接線方向の力を受けます．このように，接線方向の力が働くと，ギヤの角速度は増加します．単位時間あたりに増加する角速度で示される角速度の増加率を，**角加速度**といいます．角加速度のディメンションは〔T^{-2}〕です．

ある図形を，離れた1点から見込む角を，**立体角**といいます．半径rの球面上にある面積r^2の図形を中心点から見込む立体角を，1ステラジアンと

26

4. 量とディメンション

いいます．角と同じように，立体角もノンディメンションであると定めます．

電気・磁気　electricity・magnetism

　電気は1つの量で，はかることができます．電気の移動を電流といいます．電流には，直流と交流があります．電池には陽極と陰極があり，電位に差があります．電位の差を電圧といいます．陽極と陰極を導線で結ぶと，陽極から陰極に向かって電流が流れます．電圧を V，抵抗を R，電流の強さを I とすると，

$$V=RI$$

の関係が成り立ちます．これを「オームの法則」といいます．

　一様な磁場の中でコイルを回転させると，周期的に向きの変化する電流が発生します．この電流を交流といいます．その最大電圧を，その交流の電圧といいます．

　コイルに直流の電流を流すと磁場ができます．これを電磁場といいます．鋼鉄の棒を電磁場に差し込むと，その鋼鉄の棒は磁場を作るようになります．この鋼鉄の棒を永久磁石といいます．永久磁石を糸でつるす時，北を指す方を北極，南を指す方を南極といいます．これからもわかるように，地球の周りには磁場があります．北半球にあるのが地磁気の南極で，南半球にあるのが地磁気の北極です．同じ極は反発し，異なる極は引き合うためです．

光・音　light・sound

　光には，光源の明るさと，照らされる面の明るさとがあります．どちらも単位を決めてはかることができます．音にも，大きさがあり，はかることができます．光も音も波動で，1秒間に何回振動するかで，色や音程が決まります．雷が光ってから雷鳴が聞こえるまでには時間がかかります．その時間が長ければ，雷は遠いと思われます．雷は光も音も同時に発しているのに音よりも光の方が早くとどくことから，光は音とくらべて速いことがわかります．

27

Ⅰ 概説編

　ガリレオは，2人の弟子を遠く離れた丘に立たせ，自分は等距離の地点に立って，一人が提灯を下げたのを見てもう一人が提灯を下げるのを観察し，光の速さをはかろうとしましたが，せいぜい，光を見てから動作に移るまでの時間を知ることができただけでした．音速なら，この方法で十分測定できたでしょう．

|情報|　information

　情報は，二進法の数で表されます．その数を情報量といいます．私たちの視覚，聴覚，味覚，嗅覚，痛覚などは，パルスという電気信号によって，大脳に伝えられます．同じように，文章や数式，画像や音声などの情報は，電気信号に変換され，電波を通じて伝達されたりメディアに保存されたりしています．何十冊もの書物が 1 枚の CD に収められたり，はるか遠方にある天体のカラー映像が入手できたり，その進歩は驚くべきものです．デジタル化された情報は，半永久に保存可能です．

コラム③　　　　角のディメンション

　角は，測定可能な量です．長さ，質量，時間とは独立です．角のディメンションを A とすると，角速度のディメンションは $[AT^{-1}]$，角加速度のディメンションは $[AT^{-2}]$ です．

　ところで，5°12′30″は 60 進小数ですから実数であり，ノンディメンションですが，5 度 12 分 30 秒と読むと，角の大きさを表します．そのため，角はノンディメンションであると思われてきました．弧度法でも，角の大きさを，弧の長さ / 半径の長さで表しますので，角の測定値を角そのものと思ってきました．そのため，「角はノンディメンションである」とされてきました．

　本書でも，混乱を避けるために，その見解を踏襲することとしました．

II　事典編

アーメス　Ahmes（前 1650 年頃）　［人名］

古代エジプトの神官で，書記です．アーメスのパピルスと呼ばれる最古の
パピルスを筆写したことで知られます．

アーメスのパピルス　Papyrus of Ahmes　［書名］

アーメスが書き写したパピルスです．1858 年にスコットランドの弁護士
リンドがエジプトで購入して発見したので，リンドのパピルスともいいます．
現在は大英博物館にあります．

「正確な計算，存在するすべての物および暗黒なすべての物を，知識へ導
く指針，この書は，上下エジプトの王アウセルラーの 33 年，洪水の季節の
4 月に書き写された．この原本は，上下エジプトの王ニマアトラーの時代に
書かれたようである．この書を書き写したのは，アーメスである．」と書か
れています．ニマアトラー王はアメンエムハト 3 世（前 1842- 前 1797）
のこと，アウセルラー王はヒクソス時代の第 15 王朝の王アペピ 1 世（前
1580 年頃）です．

このパピルスには，分数を単位分数（分子が 1 である分数）の和として
表す表があります．また，面積，体積の求め方があります．円の面積は，直
径の 9 分の 8 を平方して求めています．正しい面積との誤差は 0.6％です．
パンの分配や，鳥のえさの問題など，実際の問題も扱われています．

アール　are　［面積］

面積の単位．農地，山林など大きい面積を表す単位で，記号は a です．1a

は辺の長さが 10m の正方形の面積で，$1a＝100m^2$．$1a＝1.008333$ 畝{せ}にあたります．ヘクタール*（ha）も多く用いられます（$1ha＝100a$）．単位名はラテン語の「空地」を意味するアーレア（area）に由来します．

埃　あい　［はかる］

吉田光由*著『塵劫記』（1627）にある小数の 1 つ．『塵劫記』では，100 億分の 1，10^{-10} を表しています．

しかし，中国明代の数学書，程大位{ていだいい}著『算法統宗{さんぽうとうそう}』（1592）では，10^{-31} を表しています．

IS　アイエス　［はかる］

国際単位系（International System of Units）のことです．⇒国際単位系

ISO　アイエスオウ　［はかる］

国際標準化機構（International Organization for Standardization）のことです．⇒国際標準化機構

合判　あいばん　［はかる］

浮世絵版画の大きさの 1 つで，縦 1 尺 1 寸（33.33cm），横 7 寸 5 分（22.73cm）のもの，あるいは縦 7 寸（21.21cm），横 5 寸（15.15cm）の紙を指します．

アインシュタイン　einstein　［仕事・エネルギー］

光のエネルギーの単位．記号は E です．1E は 1 モル*の分子の数 6.0225×10^{23} 個の光量子の持つエネルギーです．1E の大きさは波長によって異なり，波長を $\lambda\mu m$（μm：マイクロメートル，λ は測定値の実数）とすると，$1E＝28557/\lambda cal$ となります．ドイツの物理学者 A. アインシュタイン*

アインシュタイン

（Albert Einstein, 1879-1955）に由来します.

アインシュタイン　Albert Einstein（1879-1955）　[人名]

　ドイツの物理学者で，南ドイツのウルム（Ulm）で生まれました．幼少のころは無口でしたが，5歳のときに父親からもらった方位磁針が，自然界の仕組みに対する興味をもたらすきっかけとなりました．9歳のときにピュタゴラスの定理*の美しさを知り，自力で定理を証明しました．12歳のときに叔父からユークリッド幾何学の本をもらい，微分学と積分学も独学で習得します．同じ頃，医学生だったマックス・タルメイから天文学の存在を知り，同時に物理学に関心を示すようになったといいます．そして，チューリヒのスイス連邦工科大学で物理学を学びました．

　1905年に特殊相対性理論を発表して，重力質量と慣性質量が，同じ1つの質量の2つの現象形態にすぎないことを明らかにしました．1916年に一般相対性理論を完成し，光が太陽近辺で湾曲することを予言，1919年にイギリスの日食観測隊によって実証されました．「人生とは自転車のようなものだ．倒れないようにするには走らなければならない」と述べています．

握　あく　[長さ]

　古代日本の長さの単位．握りこぶしの横幅，指4本分で，およそ12.5cmです．中国『儀禮・郷射禮記』にも「前簭八十長尺有握」という記述がありますが，定義はわかりません．

握　あく　[面積]

　高麗の高僧一然*（1206-1289）が著した『三国遺事』（1280年頃）に見られる古代朝鮮の面積単位です．10握が1把，10把が1束，10束が1

32

負，100 負が 1 結となっています．束は日本の代にあたります．1 握は，およそ 0.2m^2 です．

握　あく　［体積］

中国，日本などで用いられた体積の単位で，一握りの分量を表します．石川啄木の歌集『一握の砂』は有名です．

アクトゥス　actus　［長さ］

古代ローマの長さの単位．1 アクトゥスは 12 デケンペダ*，35.479m です．

阿僧祇　あそうぎ　［数える］

吉田光由*著『塵劫記』にある大数の 1 つ．『塵劫記』では，恒河沙*の 1 万倍，10^{56} を表していますが，中国明代の数学書である程大位著『算法統宗』では 10^{104} としています．

咫　あた　［長さ］

古代日本の単位．手のひらの下端から中指の先までの長さ，または親指と中指を開いた長さで，およそ 18cm です．『古事記』に八咫鏡，八咫烏が見られますが，八は「多い」という意味で，8 倍という意味ではありません．「一の神有り．天八達之衢に居り，其の鼻の長さ七咫」という例外的用例が見られるものの，その他には，「八咫」以外の用例は見られません．

アナログ　analogue　［はかる］

変数が連続的に変化するとき，アナログといいます．時計を例にとると，針が回転する方式がアナログで，数字で時刻を示す方式はデジタルです．
⇒デジタル

アユタ　ayuta　[数える]

　古代インドの数の単位．1アユタは100コーティです，1コーティは1,000万か1億といわれますから，1アユタは10億あるいは100億を表します．

アルキメデス　Archimedes（前287頃‐前212）　[人名]

　シチリア島シュラクサイ（現シラクーザ）生まれの古代ギリシアの数学者，物理学者，技術者です．天文学者であった父フェイディアスから教育を受け，アレクサンドリアに留学して，サモスのコノン，エラトステネスと親交があったといいます．アルキメデスの著作は，ドシテウス，エラトステネス，ゲロン王への書簡の形で，残されています．ドシテウスは，アレクサンドリアの数学者，天文学者です．コノンが亡くなったので，コノンに送りつもりだった著作を，コノンと親しかったドシテウスに送ったようです．

　知られている著作は，『球と円柱について』，『円の測定』，『円錐体と球状体について』，『螺旋について』，『平面版の釣り合いについて』，『砂粒を数えるもの』，『放物線の求積』，『浮体について』，『方法』，『ストマキオン』などです．『球と円柱について』では，球の表面積が同じ半径をもつ円の面積の4倍であること，球の体積が，外接する円柱の体積の3分の2であることを証明しています．アルキメデスは，この定理がお気に入りで，自分の墓に，球に円柱が外接する図を彫りつけるように遺言していました．

　シュラクサイはローマと戦って敗れ，アルキメデスは，不幸にしてローマの兵士に殺害されますが，ローマの将軍マルケルスは，その死を悼んで，遺言通りの墓を作ったと伝えられています．

　『円の測定』では，円周率は，223/71より大きく，22/7より小さいことを示しました．『浮体について』では，液体より比重の大きい物体は，液体

の中では底に沈み，排除した液体の重さだけ重さが軽くなると書いています．これを「アルキメデスの原理」といいます『方法』では，定理を発見するとき，重心を利用するなど物理的手段を排除していません．

アングラ　angula　［長さ］

　古代インドの長さの単位．1 アングラは 24 分の 1 ハスタ，1.9375cm にあたります．

アンペア　ampere　［電気・磁気］

　メートル法 MKS 単位系*の電流の大きさの単位．SI 基本単位の 7 つのうちの 1 つ．1 アンペアは 1 ボルト*の電位差がある 2 点を抵抗 1 オーム*の導線で結ぶときに流れる電流の大きさです．記号は A．フランスの物理学者アンペール*（André-Marie Ampère, 1775-1836）に由来します．

アンペア回数　―かいすう　ampere-turn　［電気・磁気］

　MKSA 単位系*における起磁力の単位．記号は A．1 アンペア回数は 1 回巻きの閉回路に 1 アンペアの直流電流が流れるときの起磁力です．アンペア（ampère）と略記することがあります．

アンペア時　―じ　ampere-hour　［電気・磁気］

　1 アンペア時は，1 アンペアの電流が 1 時間導体に流れたとき，その導体の断面を通った電気量を表す単位です．記号は Ah で，1Ah＝3,600 クーロン*です．

アンペアターン　ampere-turn　［電気・磁気］

　⇒アンペア回数

アンペール　André-Marie Ampère（1775-1836）　［人名］

　フランスの物理学者で，富裕な商人の子としてリヨンで生まれ，父の豊富な蔵書で勉強をしました．家庭教師についたほかは独学で，幼時から数学と語学にすばらしい秀才ぶりをあらわし，12歳までにオイラーの代数学，微積分，確率論をマスターしたと伝えられています．その後，かねがね関心のあったD.ベルヌーイとオイラーの本を探しに父と図書館に行きました．司書からラテン語で書かれている本なので，読解は無理と言われましたが，2～3週間後にラテン語をマスターし，巨匠の著書に接することができたといいます．

　14歳のときフランス革命が起こり，後に父は保守派の一人としてギロチンで処刑され，その心痛で一時は生きた屍のような生活を送りました．しかし，J.ルソーの植物学に関する書簡が手に入り，透徹された文章に感銘を受け，それを期に再び学問に身を入れるようになったといいます．その後，苦学の末，28歳でリヨンの高校の教師となります．

　45歳でコレジュ・ド・フランス（パリ理工科大学）の教授となり，数学，哲学を教えました．そこで電流の磁気作用をもとに，物質の磁性を分子電流によって解明しました．H.C.エールステッドの発見をもとに，電流と磁界の向きとの関係から「右ネジの法則」や，電流の相互作用を体系づけた「アンペールの法則」なども発見しました．

　それらの業績により，電流の大きさの単位アンペア（A）は，没後45年の1881年に彼の名にちなんで採用されたものです．

一　いち　［数える］

　私たちは，りんごや，玉ねぎ，じゃがいもなどを，ひとつ，ふたつ，みっつ，などと数えます．そのひとつを表す数が，「いち」です．「いち」を表す算用数字は「1」で，漢数字は「一」です．「壱」と表すこともあります．

ある数に 1 を掛けると，その数は，値が変わりません．このような数 1 を「乗法の単位元」といいます．逆に，「乗法の単位元を 1 と定めた」ということもできます．

位置エネルギー　いち—　**potential energy**　〔仕事・エネルギー〕

摩擦のない斜面に沿って，質量 m の物体を押し上げる仕事量を求めるとした場合，斜面の方向角を θ とすると，重力の分力は $mg\sin\theta$ です．移動する微小距離を ds とすると，微小仕事量は，

$$mg\sin\theta\,ds$$

です．$ds\sin\theta = dy$ とすると，dy は，物体が上昇する微小高さです．

場所によって θ の値が変わっても，物体は上昇を続け，斜面の上まで登ります．斜面の長さを l，斜面の高さを h とすると，仕事量は，

$$\int_0^l mg\sin\theta\,ds = \int_0^h mg\,dy = mgh$$

となります．

この仕事は，網で吊り上げても，滑車を利用しても，てこを利用しても，値が変わりません．この仕事のディメンションは，$[ML^2T^{-2}]$ となります．

この物体は，落下すると音を立てたり，下にあるものを破壊したりします．この能力を「位置エネルギー」といいます．この物体は，仕事を与えられて，位置エネルギーを獲得したのです．力学的仕事とエネルギーとは，同じ物理量です．

市川又三　いちかわまたぞう（**1838-1909**）　〔人名〕

長野県信濃国佐久郡岩村田町（現在の佐久市）生まれの平民（商人）．明治の初期，明治政府は欧米の脅威に対抗するためは広く国民の声を取り入れ，政権基盤を強化するしかないと考え，「建白書」（政府への意見書）を募りま

いちねん

した.又三には小諸の呉服問屋に養子となった弟がいました.その弟から地方によって尺度(寸法)がバラバラで統一されておらず,商売に苦労していると聞かされていたので,当時の政府の方針に共感し,尺度統一の建白を思い立ちました.

又三は地元の仲間の協力者と一緒に「尺度之議」という建白書を2回(明治7年5月18日,明治7年8月31日)にわたり提出しました.1回目の建白書に関心を持った政府は,もう一度,詳しく建白書を出してほしいと要望しました.書には太政大臣三条実美,右大臣岩倉具視など当時の関係した人が閲覧した印があります.又三は1874(明治7)年に再度,外国の尺度の情報も入れ提出しました.

明治政府は,1891(明治24)年3月24日,尺貫法を基本単位とする度量衡法(1893年1月1日施行)を公布しました.この法の成立には,又三などの市民が提出した「建白書」の影響がありました.

一然 いちねん(**1206-1289**) [人名]

高麗の禅宗の仏僧です.俗姓は金(きん),幼名を見明(けんめい)(または景明)といいます.慶州章山郡(現在は慶山市)の出身で,1283年に忠烈王から国尊の称号を受けました.著書『三国遺事』は,雲門寺に住むようになる直前の70歳頃から,国尊の称号を受ける78歳までの間(1275-1283)に書かれたとみられます.この著書の中の新羅31代政明王の記事があり,結負制(けつぷせい)にふれています.生を終えた麟角寺に舎利塔と碑があります. ⇒結負制

伊能忠敬 いのうただたか(**1745-1818**) [人名]

江戸時代後期の測量家.神保貞恒の次男として,千葉県九十九里町に生まれました.1762年,17歳のときに佐原(さわら)の酒造家伊能家の婿養子となります.伊能家の家業は危機的な状況でしたが,忠敬は倹約を徹底し,本業の酒

いのうただたか

造業以外にも薪の問屋を江戸に構えたり，米穀取り引きの仲買いもし，約10年間で経営を完全に立て直したといいます．1781年，36歳で名主となり，1783年の天明の大飢饉では，私財を投げ打って地域の窮民を救済し，一人の餓死者も出さなかったといいます．

　この間，独学で暦学を修め，49歳で家業を長男に譲って隠居．1795年，50歳を機に，幼い頃から興味を持っていた天文学を本格的に勉強するため江戸に向かいました．懇意にしていた医師桑原隆朝に高橋至時（1764-1804）を紹介してもらい，弟子入りします．高橋は当時の天文学者の第一人者のひとりでした．

　道楽で勉強するつもりだろうと思っていた高橋は，忠敬があまりにも熱心なので暦学や天文学を本格的に教えました．高橋は『暦象考成』（中国が西洋の天文暦学を漢文訳にしたもの）を読むように薦めました．忠敬は緯度1度に相当する子午線弧長を求めることに興味を持ち，深川の自宅から浅草の天文台までの距離を徒歩で測量をしました．高橋は，より正確な値を求めたいなら江戸から蝦夷くらいまでの距離が必要と述べました．このことがきっかけとなり，蝦夷測量の結果，経度1度は28.2里という値を得ました．今日の単位に換算すると110.74898km．現在の東京付近（緯度35度）の1度分は110.952kmとされており，当時の測量技術とすれば，驚くべく少ない誤差です．

　そして，その後の日本全国の測量へとつながっていったのです．1800年の蝦夷地測量からはじまり，1816年まで17年にわたり測量隊をひきつれて歩いた距離は実に4万km，地球を1周する距離でした．この測量結果をもとにしてできたのが，略称『伊能図』と呼ばれる日本全土の実測地図の『大日本沿海輿地全図』です．

　忠敬の死から43年後の1861年，イギリス測量船アクティオン号が幕府

に強要して日本沿岸の測量を始めたとき，幕府役人が持っていた伊能図の一部を船長が見て仰天し，「この地図は西洋の器具や技術を使っていないにもかかわらず正確に描かれている．今さら測量する必要はない」と測量を中止してしまったというエピソードが残っています．

　高橋は，毎日熱心に昼夜を問わず勉強する忠敬の姿に感動し，「推歩先生」（すいほ＝星を観測し計算すること）と敬意をもって呼んだといいます．忠敬も「私が死んでも高橋先生のそばにいたい．先生の墓のとなりに葬ってください」と遺言．二人は源空寺（東京都台東区東上野）に静かに眠っています．

引　いん　［長さ］

　中国の長さの単位．後漢の班固[*]が著した『漢書』律暦志に，「度は，分，寸，尺，丈，引とする」と書かれています．1引は，10丈，100尺にあたります．時代によって異なり，前漢（前202-8）では27.65m，新から後漢にかけて（8-220）は23.04m，三国時代から西晋にかけて（222-317）は24.12m，東晋（317-420）では24.45m，唐から五代にかけて（618-959）は31.10m，宋・元時代（960-1367）は30.72m，明代（1468-1644）は31.10m，清代（1616-1912）は32mであったようです（ラテイス編『新編 単位の辞典』（1974年）による）．

インチ　inch　［長さ］

　ヤード・ポンド法[*]の長さの単位で，記号はin．1インチは，1/12フート[*]，1/36ヤード[*]です．現在は2.54cmと換算されています．1/12を意味する古代英語ynceに由来します．

ヴァンシャ　vancha　［長さ］

　古代インドの長さの単位．ヴァンシャは竹という意味です．1ヴァンシャ

は 4.65m です．

ウイリアム・トムソン
⇒ケルヴィン

ウェーバー　weber　［電気・磁気］
　MKSA 単位系*の磁気感応の単位で，記号は Wb です．ドイツの物理学者 W．E．ヴェーバーに由来します．磁気感応が 1 であるところで，$1m^2$ の面積を貫いている磁束の数，すなわち 1 回巻きである回路と鎖交し，一様に減少して 1 秒間で 0 となるとき，1V の起電力を生ずるような磁束です．
　　　　$1Wb=10^8$ マクスウェル
の関係があります．

ヴェーバー　Wilhelm Eduard Weber（1804-1891）　［人名］
　ドイツの物理学者で，神学教授の父の次男としてヴィッテンベルクで生まれました．ハレ大学で音響学を専攻．初期の研究は兄弟と共にし，兄のエルンストと『実験に基づく波動論』，弟のエードゥアルトと『歩行器官および筋肉運動の力学』を著しました．兄と弟は引き続き生理学研究に進んだのに反し，ヴェーバーはガウスの紹介でゲッティンゲンに招かれ，物理学に関わりました．

　1831 年，ガウスの推薦でゲッティンゲン大学の物理学教授になりました．ガウスとともに，当時科学的取扱いがほとんどなされていない地磁気の研究に取り組みました．1833 年，ゲッティンゲンに最初の磁気観測所が作られました．その後，電磁諸量の絶対単位系を導入しました．電流計，電力計を考案しています．

ヴェッセル　Casper Wessel（1745-1818）　[人名]

測量技師，数学者で，ノルウェーのアーケシュフース県ヨンスル（Jonsrud）生まれ．当時はデンマークの支配下にありました．彼はコペンハーゲン大学で1年（1763年）過ごした後，デンマークで測量技師，地図製図家の仕事をはじめました．そして，彼は今でいう複素数平面のアイデアで，測量技師の仕事に役立てるための独自の研究を行いました．

ヴェッセルはこのアイデアを1797年に論文『方向の解析的表現について』にまとめ，それは1799年に発表されました．

彼は，虚数が「架空の存在」であることをなくすために，縦軸の単位を ε とし，数が方向をもつとしました．

数　　　　1　　ε　　-1　　$-\varepsilon$
方位角　　0°　　90°　　180°　　270°

ここで，積の方位角は，因数の方位角の和に等しいとしました．

$1 \cdot 1 = 1$，$1 \cdot \varepsilon = \varepsilon$，$1 \cdot (-1) = -1$，$1 \cdot (-\varepsilon) = -\varepsilon$

$\varepsilon \cdot 1 = \varepsilon$，$\varepsilon \cdot \varepsilon = -1$，$\varepsilon \cdot (-1) = -\varepsilon$，$\varepsilon \cdot (-\varepsilon) = 1$

ε は虚数単位 i と同じですが，i のように架空の存在でなく，縦軸の単位です．見事に架空性を消し去りました（実は，1も ε も人間が造ったものですから実在はしないのですが，目に見えますから，「実在感」があります）．これがヴェッセルの卓抜したアイデアであったのです．

しかし，これらはデンマーク語での発表であったため，100年もの間，知られずにいたといいます．ヴェッセルが亡くなった79年後の1897年に，その論文がノルウェー生まれの連続群論の創始者 M.S. リー（Marius Sophus Lie 1842-1899）の手によってフランス語に翻訳されたことにより，知られるようになりましたが，複素平面は，フランスの数学者 J.R. アルガン（Jean Robert Argand 1768-1822）やドイツの数学者ガウス（Johann Carl

Friedrich Gauß, 1777-1855) のアイデアとして，すでに広く知られた後でした．

a>b のとき，a−b>0 です．不等式 c<0 の両辺に正の数 a−b をかけると，c（a−b）<0，ca<cb，負の数を不等式の両辺にかけると，不等号の向きが変わります．したがって a<0 のとき，a^2>0，正の数も負の数も，平方すると正の数となります．ですから，x^2<0 となる数 x は，正の数でも負の数でもありません．したがって，数直線上に存在しません．このような数 x を虚数と呼んだのは，ガウスです．ガウスは，虚数を数直線と垂直な直線上に目盛りました．このような平面をガウス平面といいます．このアイデアはヴェッセルより早かったようです．

ヴェッセルとガウスは，独自にそれぞれ数学の研究をしていたのです．歴史的にヴェッセルの複素数の研究が少し遅かったとしても，彼の独自の研究成果は色褪せることはありません．

なお，土地の面積をはかるとき，測量を実測してトラバースの計算（多角計算）をします．その計算に複素数を応用すると，従来の面積計算より，早くできます．測量学では，ヴェッセルの複素数のアイデアで測量計算する方法が，今でも生きているのです．

ヴォルタ　Alessandro Giuseppe Antonio Anastasio Volta（1745-1827）　[人名]

イタリアのコモ生まれの物理学者．少年時代は詩と散文に興味がありました．その後，化学と電気に非常に関心を持ち，18 歳頃にはジャン・アントワーヌ・ノレー（1700-1770．ノアヨン生まれ．聖職に就き修道院長になっていましたが，科学の実験に興味を持ちパリで物理学の教授として活躍）と文通を始めていました．最初の著書は『電気火の引力について』．これには電気盆（静電気を貯める器具）の考えが芽生えています．

うちゅうそくど

1764 年，コモ王立学院の物理学教授になります．さまざまな研究のなか，1776 年，沼に発生する発火性のガス（現在のメタンガス）を発見しました．1779 年，パドバ大学実験物理学の教授になります．F. ヴォルテール，G. C. リヒテンベルク，J. プリーストリー，A. ラヴォアジェ，P. ラプラスなど当代学界の名士と交流を持ちました．ボルタ電池の発明で知られます．

宇宙速度　　うちゅうそくど　space velocity　［速さ・速度］

地球に落下することなく，表面に沿って回る，すなわち人工衛星となるための水平方向の成分速度を，第 1 宇宙速度といいます．

円運動の加速度 a は，

$$a = -\omega^2 r$$

で，ω は角速度，r は軌道の半径です．r を地球の半径 R，速度を v とすると，

$$v = \frac{2\pi R}{T} = \omega R$$

です．そこで，

$$aR = -\omega^2 R^2 = -v^2$$

です．地表では，$a = -g$ ですから，あらためて，第 1 宇宙速度を v とすると，

$$v^2 > gR,\ v > \sqrt{gR} = \sqrt{9.8 \times 40/2\pi} km/s = 7.89866 km/s$$

です．そこで，第 1 宇宙速度は，およそ，秒速 7.9km です．

また，地球の引力圏から脱出して二度と戻らない速度を第 2 宇宙速度といい，秒速 11.170km です．

地球の引力圏から脱出するのに要する仕事量は，

$$\int_R^\infty \frac{GMm}{r^2} dr = \left[-\frac{GMm}{r^2} \right]_R^\infty = \frac{GMm}{r^2} = mgR$$

です．第 2 宇宙速度を v とすると，

$$\frac{1}{2}mv^2 > mgR,\ v > \sqrt{2gR}$$

です．M は地球の質量，m は物体の質量，G は万有引力の恒数，g は重力の

加速度，R は地球の半径です．したがって，

$$v > \sqrt{9.8 \times 40000000/3.14159...} \, \text{m/s} = 11.170... \text{km/s}$$

となります．

　太陽系から脱出するのに必要な速度を，第3宇宙速度といいます．地球の質量 M を太陽の質量として計算すると，秒速 16.65km となります．

閏年　うるうどし　**leap year**　［時間］

　地球が太陽の周りを1周する時間は，365日5時間48分46秒ですから，1年を365日とすると，5時間48分46秒余ります．それで，4年でおよそ1日余ることになります．それで，4年に1回，2月を1日増やして29日にして調節しています．この年を，閏年といいます．閏年は西暦が4で割り切れる年に行われています．

　しかし，4年ごとに1日増やすとすると，こんどは4年で44分56秒足りなくなります．400年では3日ほど不足します．したがって，西暦が100で割り切れる年の中で，400で割り切れない年を，平年とします．2100年，2200年，2300年は平年です．

　古代から，各文明圏で，さまざまな閏年の入れ方が試みられていますが，上記の説明は現在行われているグレゴリオ暦についてです．グレゴリオ暦は，1582年にローマ教皇グレゴリウス13世がユリウス暦を改良して制定しました．イギリスでは1752年11月24日から，日本では1873年1月1日から使われています．

　英語で閏年を leap year といいますが，leap は「跳ぶ」という意です．例えば平年の元日が日曜日とすると翌年の元日は月曜日になります．ところが閏年の元日が日曜日なら，翌年の元日は火曜日になり，平年より曜日がひとつ跳ぶことになります．

45

うんどうエネルギー

運動エネルギー　うんどう―　**kinetic energy**　［仕事・エネルギー］

　自由落下運動では，速さ v は，落下時間 t に比例します．

　　　　$v=gt$　　（g は比例定数）

とすると，速度 v は，1秒間に g だけ増加します．この g を「加速度」といいます．

　このとき，落下距離は $S=\dfrac{1}{2}gt^2$ となります．

　質量 m の物体を，高さ h の位置から落下させると，着地したとき $t=\dfrac{v}{g}$ となり，

　　　$h=\dfrac{1}{2}v^2/g$

　したがって，位置のエネルギー mgh は，$\dfrac{1}{2}mv^2$ となります．

　　　$mgh=\dfrac{1}{2}mv^2$

からわかるように，$\dfrac{1}{2}mv^2$ はエネルギーです．このエネルギーを「運動エネルギー」といいます．位置エネルギーは0となり，運動エネルギー $\dfrac{1}{2}mv^2$ に転化したのです．

　位置エネルギー mgh のディメンションは，$[ML^2T^{-2}]$ です．運動エネルギー $\dfrac{1}{2}mv^2$ のディメンションも $[ML^2T^{-2}]$ ですから，同じエネルギーであることが確かめられました．

　熱現象は物質を構成する分子の運動によって引き起されます．この運動のエネルギーを，「熱エネルギー」といいます．熱エネルギー，位置エネルギー，運動エネルギー，電気エネルギー，化学エネルギーなどを総称して，エネルギーといいます．

雲量 うんりょう　cloud amount　［はかる］

地上から見える全天の何割を雲が覆っているかを，0から10までの11段階で示す数です．はじめのほぼ1割未満の場合は雲量0とします．

また，最後のほぼ9割以上の場合を雲量10とします．雲量0，1，2を快晴，3から7までを晴れ，8以上を曇りと呼んでいます．

エウクレイデス　Eucleides　［人名］

古代ギリシアの数学者で哲学者．メガラのエウクレイデスと区別するために，ユークリッドと呼ばれます．生没年は分かりませんが，前300年ごろ，エジプトのアレクサンドリアで活躍したと考えられています．『ストイケイオン』*（13巻）の著者として知られます．ほかにも，多くの著作があります．

(1) ギリシア語の原典があるもの：『デドメナ』『光学』『反射光学』『音楽原論』『天文現象論』
(2) アラビア語訳が存在するもの：『図形分割論』『天秤について』
(3) ラテン語訳のあるもの：『重さと軽さについて』
(4) 失われたもの：『誤謬推理論』『ポリスマタ』『円錐曲線論』『曲面軌跡論』

ユークリッドは，『ストイケイオン』を著した数学者集団の名前であって実在の人物ではない，という説もありますが，多くの著書があり，公正な人であったという人物像も残されているところから，実在の人物でないというのは根拠が薄弱であるとみられています．

エーカー　acre　［面積］

ヤード・ポンド法*の面積の単位．記号はacです．くびきにつながれた2頭の牡牛が1日に耕す面積です．イギリスのエドワード1世が，1277年に，

4 ロッド×40 ロッドの土地の面積と定めました．4 ロッドは 1 チェーン*で
すから，1 エーカーは 1×10＝10 平方チェーンです．これは 4,840 平方ヤ
ード，43,560 平方フィートにあたります．イギリスでは 1ac≒40.46849a，
アメリカでは 1ac≒40.46856a，日本では 1ac≒40.469a としています．

SI　エスアイ　［はかる］

フランス語の Système International d'Unités の略で，英語の IS に同じで
す．国際単位系のことです．⇒国際単位系

H　エッチ　［はかる］

黒芯鉛筆の硬度の度合いを示す記号．硬さを意味する英語の hard に由来
します．1H から 9H まであり，数字が大きいほど硬くなります．濃く軟ら
かい方の鉛筆の硬度を表す B*（ビー）は，ブラック（black）のことです．

鉛筆の筆跡の濃さの濃淡は，石墨と粘土の比率により芯の硬さを加減して
出しています．この方法を開発したのはフランスでした．現在のような，濃
い鉛筆をブラック（black），固い鉛筆をハード（hard）という表現を最初に
したのは，ロンドンの鉛筆製造業者ブルックマン（Brockman）でした．歴
史的に画家が好む濃い鉛筆と製図家が求める硬い鉛筆とを，B と H という
不釣り合いな表示を 1 本化する苦労がありました．鉛筆の普及とともに使
用者が増え，B と H が好んで使われるようになると，HB という B と H の間
の濃さの鉛筆が作られ，さらに HB と H の間に「硬い」（firm）「尖った芯」
（fine）の意味を持つ F*の鉛筆が開発されました．現在の JIS の硬度は軟ら
かい方から 6B，5B，4B……2B，B，HB，F，H，2H，……7H，8H，9H の
17 種類となっています．

『淮南子』　えなんじ　**Huái nán zǐ**　［書名］

前漢の宗室の一人である淮南王の劉安（前 179- 前 122）編の書物です．

全21編．劉安は幕下に多くの文人・学者を擁していましたが，本書は，道家の思想を中核として，彼らの保有する該博な知識をあまねく結集して編纂したものといえます．

エネルギー　energy　［仕事・エネルギー］

　例えばジェットコースターでは，ワゴンを重力に抗して引き上げて滑下させ，スリルを楽しみます．このときワゴンは，高速で移動する能力を獲得したのです．このように，高い位置にあって運動する能力を「位置のエネルギー」といいます．ジェットコースターのワゴンは，仕事を与えられて，位置のエネルギーを獲得したのです．

　質量 m の物体には，重力 mg が働いています．この物体を重力に逆らって，高さ h だけ持ちあげると，仕事 mgh を受け取ったことになります．仕事と位置のエネルギーとは同一の物理量です．この物理量を「エネルギー」といいます．エネルギーはギリシア語のエネルゲイア（$\acute{\varepsilon}v$-$\acute{\varepsilon}\rho\gamma\acute{\varepsilon}\iota\alpha$）に由来します．エネ（$\acute{\varepsilon}v$）は，「中に」という接頭語で，エルゲイア（$\acute{\varepsilon}\rho\gamma\acute{\varepsilon}\iota\alpha$）は仕事を意味します．⇒仕事

F　エフ　［はかる］

　黒芯鉛筆の硬度の度合いを示す記号です．firm（硬いという意味）に由来します．F は HB と H の間の硬さです．

F数　エフすう　F number　［光］

　写真機や望遠鏡のレンズなどの明るさを示す数です．レンズの焦点距離を f，有効口径を D とすれば，F＝D／f です．したがって，レンズの明るさは，F^2 に反比例します．F 数が小さいほど画像は明るく，F 数が大きいほど画像は暗くなります．F 数が 4 であれば，F4，F／4，F：4，f／4，f：4 などと表します．

49

エフナンバー

Fナンバー　エフ―　**F number**　［光］

F数に同じです．⇒F数

M　エム　［仕事エネルギー］

津波の大きさを表す階級です．全エネルギーの大小によって，0〜Ⅳの5つの階級に分類されます．

階級	エネルギー　（単位 E）
0	25　〜　　100×10^2
Ⅰ	100　〜　　400×10^2
Ⅱ	400　〜　1600×10^2
Ⅲ	1600　〜　6400×10^2
Ⅳ	6400　〜

$E=25\times10^{0.6M}\times10^{20}$ エルグ

MKSA単位系　エムケーエスエーたんいけい　**MKSA system of units**　［はかる］

基本単位として長さにメートル（metre），質量にキログラム（kilogram），時間に秒（second），電流にアンペア（ampere）を用いる単位系です．国際単位系（SI）は，これに温度の単位ケルビン，光度の単位カンデラ，物質の量の単位モルを加えたものです．⇒国際単位系

MKS単位系　エムケーエスたんいけい　**MKS system of units**　［はかる］

基本単位として長さにメートル（metre），質量にキログラム（kilogram），時間に秒（second）を用いる単位系です．

MTS単位系　エムティーエスたんいけい　**MTS system of units**　［はかる］

長さ，質量，時間の基本単位として，メートル（metre），トン（ton），秒（second）を用いた単位系です．フランスの法定単位系として用いられています．

えんしゅうりつ

エルグ　erg　[仕事・エネルギー]

　仕事・エネルギーの単位．記号は erg です．これは，「仕事」を意味する
ギリシア語エルガーシア（$\acute{\epsilon}\rho\gamma\alpha\sigma\iota\alpha$）に由来します．1 ダイン*の力が，物
体をその方向に 1cm 動かす仕事で，10^{-7} ジュール*にあたります．

円規　えんき　[角・角度]

　帆足萬里*の『窮理通』に，「測器，円規は度分を刻して，以て天を量るの
尺となす．」「人，円規を執りて度分を測るに」と書かれています．「近世西
洋伝ふるところの象限儀」とありますから，全円分度器*をさすと思われま
す．もっとも，規矩準縄というときは，規はコンパス，矩は曲尺を表します
ので，円規をコンパスとする場合もあるようです．

円周率　えんしゅうりつ ratio of circumference of circle to its diameter　[長さ]

　直径の長さを単位として円周の長さを測定した測定値を円周率といいます．
円周率は，「回り」を表すギリシア語ペリフェレイア（$\pi\epsilon\phi\acute{\epsilon}\rho\epsilon\iota\alpha$）の頭文字
をとって，π（パイ）で表します．つまり，円周の長さ＝直径の長さ×π と
なります．

$$\pi=3.14159265357932384\cdots\cdots$$

が知られていますが，計算機の進歩によって，現在，その値は 2016 年に
22 兆桁を超えています．

　古代バビロニアでは，一般的には円周率を 3 としていましたが，スーサ
出土の『数学書表』の中に，円周率を 3.125 としているものがあります．
古代エジプトには，円周率はありませんが，円積率*から換算すると 3.16
となります．ギリシアのアルキメデス（前 287?- 前 212）は，3.141024＜
π＜3.142704 を導いています．中国の祖沖之（429-500）は，3.1415926
＜π＜3,1415927 を得ています．

　ドイツの数学者 C. ルドルフ（1540-1610）は π を 35 桁まで計算しまし

えんせきりつ

た．そのため，πをルドルフ数（Ludolphine number）ということがあります．

円積率　えんせきりつ　ratio of area circle to its circumscribed square　［面積］

円に外接する正方形の面積を単位としてその円の面積を測定した測定値です．円周率の1/4にあたります．古代エジプトでは，円の面積は，直径の8/9を1辺とする正方形の面積で，近似していました．円積率は，64/81≒0.790でした．吉田光由*著『塵劫記』(1627)では，円法七九と書いています．円積率が0.79であることを示しているのです．

ところで，平面図形に限らず，曲面にも面積があります．半径rの球の表面積は，

$$\int_{-r}^{r} 2\pi y \, ds$$

で求められます．

$$\frac{dx}{ds} = \cos\theta = \sin\left(\frac{\pi}{2} - \theta\right) = \frac{y}{r}$$

ですから，$yds = rdx$

したがって，

$$\int_{-r}^{r} 2\pi y \, ds = \int_{-r}^{r} 2\pi \gamma \, dx = [2\pi r x]_{-r}^{r} = 4\pi r^2$$

となります．

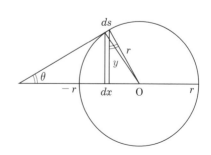

黄金比 おうごんひ **golden ratio** [はかる]

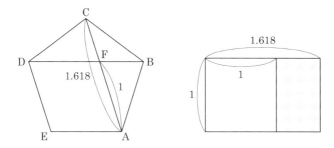

中末比ともいいます．図の正5角形では，∠FBC＝∠FCB＝∠CAB＝36°，∠ABF＝∠AFB＝72°の関係があります．

そこで，AC・FC＝BC^2＝AF^2 が成り立ちます．このとき，AC：AFの比を，黄金比といいます．黄金比は，$\sqrt{5}+1:2=1.618:1$ となります．

2辺の長さの比が黄金比である長方形から，短い辺を1辺とする正方形を取り除くと，残りの長方形は，はじめの長方形と相似になります．昔から，このような長方形が美しいとされてきました．⇒白銀比

黄金分割 おうごんぶんかつ **golden cut** [長さ]

線分を，黄金比となるように内分することを，黄金分割といいます．

黄金分割は，右の図のように，行います．

AB＝2，OB＝1とすると，AO＝$\sqrt{5}$，AD＝AC＝$\sqrt{5}-1$，DB＝$3-\sqrt{5}$

そこで，AD：DB＝$\sqrt{5}+1:2$ となります．

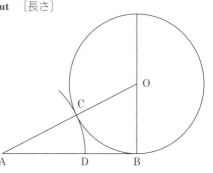

オーム

オーム　ohm　［電気・磁気］

　MKSA 単位系*の，電気抵抗の単位．1 アンペア*の電流が流れる導体の 2 点間の電圧が 1 ボルト*であるとき，その 2 点間の導体の電気抵抗は 1 オームであると決めています．記号は Ω です．ドイツの物理学者 G. S. オーム*にちなんで付けられました．

オーム　Georg Simon Ohm（1789-1854）　［人名］

　ドイツの物理学者です．バイエルンのエアランゲンで，錠前師の父の子として生まれました．父は数学と機械に関心があり教育熱心で大学まで支援しました．貧しくて大学を中退しますが，1811 年，エアランゲン大学で博士号を取得します．バンベルクの学校に教師の地位を得，1817～1826 年までケルンのギムナジウム（6 年制の文科高等学校）で働き，生計を立てます．この時期にヴォルタが発明したボルタ電池の研究を行い，独自に実験装置を製作し，電流の強さは電圧と抵抗によって決まるというオームの法則*を発見しました．このことを 1827 年に出版した『数学的に取り扱ったガルヴァーニ回路』に記しました．1833 年よりニュルンベルク大学に勤務します．

　しかし当時のドイツの学界はオームの研究成果を認めることはありませんでした．彼が認められたエピソードを紹介します．オームがフランスの科学アカデミー会員 C.S.M. プイエ（Pouillet, 1790-1868）に著述の一部を送り，プイエが 10 年後に『熱電気および電池電気回路の強さ』に関する二つの論文を提出し，この研究が当時の学会で話題になりました．この論文の中にオームの理論の一部が引用されていたのです．その結果，イギリスのロイヤル・ソサイエティは 1841 年，コプリメダル*（Copley Medal）を贈り，敬意を表しました．1852 年にミュンヘン大学の実験物理学の教授になりましたが，2 年後に亡くなりました．

オームの法則　―ほうそく　Ohm's law　[電気・磁気]

導線上の2点間を流れる定常電流 I と，2点間の電位差 V とは比例するという法則を，オームの法則といいます．

$$V=RI$$

と表すとき，比例定数 R を，電気抵抗，あるいは単に抵抗といいます．

億　おく　hundred million　[数える]

1万の1万倍を1億といいます．10^8 のことです．

オクターヴ　octave　[音]

「オクト」はラテン語で8のことです．オクトパス（octopus）といえば八本足の蛸を意味します．音階ドレミファソラシドの上の

ドは，下のドから8番目にあるので，オクターヴと呼ばれます．下のドと上のドは，周波数が倍になっています．人間の耳は，周波数が2倍になると同じ音と感じます．レ，ミ，ファ，ソ，ラ，シも，同じです．さらに1段上の音階でも，周波数が倍になっています．

重さ　おもさ　weight　[重さ・力]

重い・軽いの度合いを，重さといいます．物体の重さは，その物体に働く重力の大きさで決まります．この重力の大きさを「重さ」というのです．地球上では，遠心力の影響を受けて，場所によって重さが微妙に異なります．

オングストローム　Ångström　[長さ]

長さの単位．1オングストロームは 10^{-10} m です．記号は Å です．10の −10 乗メートルであるところから，テンスメートル（tenth meter）ともいいます．スウェーデンの物理学者オングストローム*（Anders Jonas

オングストローム

Ångström, 1814-1874) にちなんでいます.

オングストローム　Anders Jonas Ångström（1814-1874）　[人名]

　スウェーデンの物理学者で, 分光学（spectroscopy）の基礎を築いたひとりです. 北部のメーデルパッドで生まれました. 1839年, ウプサラ大学で物理学の学位を得た後, 1842年にストックホルム天文台で学びました. その後, ウプサラ天文台の職員になり, そこで地磁気を研究しスウェーデン各地の地磁気の強さと磁気偏角などの研究をしました. 1858年, ウプサラ大学の物理学の教授になりました. かれの重要な業績は熱の伝導の分野と分光学の分野でした. 1853年に放電管からの光のスペクトルが電極の金属と, 放電経路の気体成分によるものがあることを示しました. 1872年ランフォード・メダルを受賞しています.

　1867年オングストロームはオーロラの光を分析し, オーロラの光は太陽の光と異なるスペクトルを持つことも発見しました. また, スペクトル分析によって, 太陽大気中に水素が存在することを発見しました. おもな業績はスペクトル分析に関するものです. 1853年にはオイラーの共振理論から出発し, 高熱気体が特定の波長の光を放射もし, 吸収もするという分光学の基礎的原理を導きました. 長さの単位のオングストローム（$1\text{Å}=1\times 10^{-10}$m）は, 彼の名にちなんでいます.

オンス　ounce　[質量]

　ヤード・ポンド法*の質量の単位. 記号は oz. 一般に用いられる常用オンス（avoirdupois ounce）, 貴金属, 宝石などの計量に用いるトロイオンス（troy ounce）, 薬品などの計量などに用いる薬用オンス（apothecaries ounce）の3種類があります. トロイは中世フランスの市場都市トロワ（Troyes）に由来します.

おんそく

　常用オンスは，常用ポンド（avoirdupois pound）の 16 分の 1 で
28.349527g．トロイオンスと薬用オンスは同じで，31.103481g．日本の
計量法では常用オンスを 0.45359243kg であるポンドの 16 分の 1 と定義
しています．なお，計量単位令（2013（平成 25）年 9 月 26 日）では常用
オンスが 28.34952312g，薬用オンス（トロイオンス）は 31.1034768g と
しています．

　オンスの語源はラテン語で 12 分の 1 を意味する uncia に由来します．ち
なみにポンドはラテン語で「重さ」という意味です．オンスには質量オンス
と別に液体用の液量オンス（fluid ounce）があります．これはガロン*の分量
の単位で，イギリスとアメリカでは大きさが異なります．日本の体積単位に
は乾量，液量の区別はありません．

音速　おんそく　speed of sound　［音］

　音波が媒質中を伝わる速さです．媒質と温度とによって異なります．気温
t℃のとき，空気中の音速は（331.5＋0.6t）m/s です．17℃のとき，純水中
では 1,430m/s，海水中では 1,510m/s です．大気中の音速を 1 マッハ*と
いい，地表近くでおよそ 330m/s です．

か行

カービメーター　curvimeter　［長さ］
⇒キルビメーター

垓　がい　［数える］
　吉田光由*著『塵劫記』にある大数の1つ．『塵劫記』では，京*の1万倍（10^{20}）となっています．古くは京の10倍であったようで，中国の『算法統宗』では，10^{32} となっています．

ガイガー　Hans Geiger（1882-1945）　［人名］
　ドイツの物理学者．父はエアランゲン大学のインド学の教授です．ガイガーは1902年からエアランゲン大学で数学，物理学を学び，1906年に博士号を得ています．

　1907年から，イギリスのマンチェスター大学でラザフォードの指導を受け，放射能の研究をし，個々の α 粒子を衝突電離によって電気的に検出方法を考案し，ラジウムからの α 粒子の数を測定．1912年に帰国し，ベルリン連邦物理工学研究所のリーダーとなります．翌年に β 粒子を個々に数える計数管を，1928年にはミュラーとともにガイガー・ミュラー計数管*を発明しました．

ガイガー・ミュラー計数管　—けいすうかん　Geiger-Müller counter　［仕事・エネルギー］
　1928年に発明されたもっとも古典的な計数管ですが，簡便なため，多用されています．金属円筒を陰極とし，その中心に張られた細い針金を陽極と

し，陰極側をアースします．両極間に適当な高電圧（1,000 ボルト前後）を
かけておくと，粒子が入射するごとに放電が起き，カウントされます．

回帰年　かいきねん　**tropical year**　［時間］

1 回帰年は太陽が春分点を通過してから次に春分点を通過するまでの時間
です．太陽年ともいいます．1 回帰年は 2017 年現在，365.24219 平均太
陽日*です．100 年あたり 0.53 秒ずつ短くなっています．

外積　がいせき　**outer product**　［面積］

2 つのベクトル*A，B の成す角が θ であるとき，A，B と垂直で，大きさ
が $|A||B|\sin\theta$ で，A を B まで回すとき，右ねじの進む向きを持つベクトル
を A，B の外積といい，$A \times B$ と表します．定義から，$B \times A = -A \times B$ が成
り立ちます．A，B の方向が同じか逆のとき，$\sin\theta = 0$ ですから，外積は $\overset{\text{ゼロ}}{O}$
です．一方，$a_1 b_1 + a_2 b_2 + \cdots + a_n b_n$ をベクトル $a(a_1, a_2, \cdots, a_n)$，$b(b_1, b_2,$
$\cdots, b_n)$ の内積（inner product）といい，$a \cdot b$ と表します．

解像度　かいぞうど　**resolution**　［情報］

画像を形成する画素*の密度を示す度合です．単位は，一般に dpi（dot
per inch）．解像度が大きいと画像の鮮明度が増します．⇒画素

海抜　かいばつ　**above sea level**　［長さ］

平均海面（mean sea level）からはかった陸地の高さを，海抜といいます．
平均海面とは，地球上の海面の，潮汐や波その他の原因による高低変化を多
年にわたって平均した面です．海抜は，一般には「標高*」と同じように用
いられていますが，「標高」は東京湾の平均海面を基準にするのに対して，
海抜は，測定地点の近くの港湾などの平均海面を基準としています．

かいまいじ

回毎時　かいまいじ　rotation per hour　［はかる］

周期現象が，1時間に何回繰り返すかを表します．換気回数（例えば，教室などの二酸化炭素の汚染物質の濃度を許容濃度に下げるために行う換気の回数）などにも用います．

回毎秒　かいまいびょう　rotation per second　［はかる］

周期現象が，1秒間に何回繰り返すかを表します．交流発電機などに用います．

回毎分　かいまいふん　rotation per minute　［はかる］

周期現象が，1分間に何回繰り返すかを表します．モーターや発動機に用います．

海里　かいり　nautical mile　［長さ］

現在は，赤道における緯度1分（′）の長さを，1海里としています．1929年のモナコにおける第1回臨時国際水路会議において，「国際海里」として，1海里＝1,852m が採用されました．

海里毎時　かいりまいじ　nautical mile per hour　［速さ・速度］

1時間に何海里進むかを表します．1時間に1海里進む速さは1海里毎時といい，ノットともいいます．⇒ノット

ガウス　gauss　［電気・磁気］

CGS単位系*の磁束密度の単位．1cm^2 の面積を通過する磁束が1マクスウェル*であるとき「磁束密度は1ガウス*である」といいます．記号はG，または Γ です．ドイツの数学者 C. F. ガウス*に由来します．

60

ガウス　Carl Friedrich Gauß（1777-1855）　[人名]

ドイツの天文学者，数学者です．10歳のとき，1から100までの和をあっという間に計算して，先生を驚かせました．

$$
\begin{array}{r}
1+2+3+\cdots\cdots\cdots\cdots\cdots+50 \\
+)\ 100+99+98+\cdots\cdots\cdots\cdots\cdots+51 \\
\hline
101+101+101+\cdots\cdots\cdots\cdots\cdots+101 \\
50\times101=5050
\end{array}
$$

としたのでしょう．

18歳のとき，正17角形を定規とコンパスだけを使って作図する方法を発見しています．数学者を目指しますが，当時は数学者という職業はなく，天文学者となりました．1807年から終生，ゲッティンゲン大学の教授で付属天文台長を兼ねていました．天体の観測誤差から，ガウス分布*を発見しています．そのほかにも，素数の分布を研究したり，代数学の基本定理を証明したりしています．複素数を座標平面上に図示したのもガウスです．それで，この平面を，ガウス平面といいます．

ガウスは非ユークリッド幾何学である双曲線幾何学を発見していますが，発表をためらっていました．ヤーノシュ・ボーヤイがこれを再発見したとき，「書かなくてよくなった」と言ったそうです．

ガウス分布　—ぶんぷ　Gaussian distribution　[はかる]

右の図のような度数分布を，ガウス分布といいます．ガウスが星の観測誤差を調べて見つけました．分厚い大気層を通り抜ける星の光は，多くの要因で曲げられるため，誤差の分布が，このようになると考えられていました．

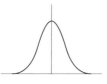

ところが驚いたことに，1個では等確率であるサイコロの目も，3個にす

るだけで何度か投げた場合の目の和がほとんどガウス分布と変わらない分布を示すことがわかりました．身長や体重なども多くの要因の影響を受けることからガウス分布を示します．

ガウス分布は，次の式で近似されます．これを正規分布といいます．

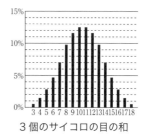
3個のサイコロの目の和

$$\frac{1}{\sqrt{2\pi}\sigma}e^{-\frac{1}{2}\frac{(x-m)^2}{\sigma^2}}$$

カウンター　counter　[仕事・エネルギー]

計数管のことです．⇒計数管

カウント　count　[仕事・エネルギー]

放射線量の単位．記号は cpm（count per minute）で，1分あたりのカウント数を示します．カウント数は，ガイガー・ミュラー計数管*などが捕捉した放射性粒子の数です．

カウント数は，その計数管によって決まる数で，飛来する放射性粒子の一部しかカウントできませんが，同一規格のカウンターを用いることによって，実用的役割を果たしています．

放射能の強さを表す科学的単位はキュリー*ですが，1,000cpm は，ほぼ 0.01～0.003 マイクロキュリー*に相当します．

角加速度　かくかそくど　angular acceleration　[角加速度]

単位時間あたりに増加する角速度*で示される角速度の増加率を，角加速度といいます．

時刻 t における偏角を θ とすると，角加速度は $\frac{d^2\theta}{dt^2}$ です．

かけ

角速度　かくそくど　**angular velocity**　［角速度］

　地球のように一定の速さで回転（自転）している物体においては，回転角は時間に比例します．この関係を

　　　　回転角＝ω 時間

と表すと，ω は比例定数の役割をする新しい量です．1 時間に 1 度回転する回転の速さを 1°/h と表すと，地球の自転の速さは，その 15 倍です（24 時間で 360° なので 360/24＝15）．よって，15°/h と表すことにします．このように，回転の速さは，単位を決めてはかることができます．この新しい量 ω を，角速度といいます．

　回転の速さが刻々変わるときは，時刻 t における偏角の大きさを θ とするとき，$\dfrac{d\theta}{dt}$ を角速度とします．

角度　かくど　**angle**　［角・角度］

　角は，一端を共有する 2 本の半直線の作る図形です．この 2 本の半直線を，その角の辺といい，共有する一端を角の頂点といいます．この 2 辺の開き具合は，単位を決めてはかることができる量です．この量を「角度」といいます．角度は，1 つの辺をもう 1 つの辺に重ねる回転運動の大きさも表します．

　角度の単位は 1 回転の角の大きさの 1/360 を 1 度，その 1/60 を 1 分，その 1/60 を 1 秒としています．これを実用単位*といいます．また，1 回転の角の大きさの 1/400 を角度の単位として，1 グラード*としています．また，円の半径の長さと等しい長さを持つ円弧の上に立つ中心角の大きさを角度の単位として，1 ラジアン*といいます．微分積分学ではラジアンを単位としますので，ラジアンを理論単位ということがあります．

掛け　かけ　［はかる］

　割り引き率を表す言葉です．「8 掛け」は，0.8 を掛けることをいい，2 割

63

かしおんどめもり

引きを意味します.

力氏温度目盛り　かしおんどめもり　**fahrenheit's temperature scale**　[はかる]

セ氏温度目盛り*が提案される 18 年前の 1724 年,ドイツの D. G. ファーレンハイト（Daniel Gabriel Fahrenheit, 1686-1736）が水銀温度計によって定めた温度目盛りです. 記号は℉.

彼は生活に密着した単位を工夫しました. 人間がつくることのできる寒冷の最低温度を 0 度（氷と塩化アンモニウムの混合物で,セ氏では約－18℃）,氷の融解点を 32 度とし,高温のほうは,生命のつくりだす最高の温度である体温を考えました. その頃,身近にいた高い体温を持つ動物であった羊の体温を 100 度としました. そして,人の標準体温 96 度を基準にした「力氏目盛り」を定めました. 96 とした理由は,当時欧米ではヤード・ポンド法*で,十二進法の単位がよく使われていたので,12 の倍数で 100 に近い数が 96 であったからです. 子羊の体温を基準にしたのは,子羊が聖書では神の子キリストを象徴するからという興味深い説があります. 力氏温度は人間を尺度にしたもので,100 を超えると危険であることを意味しています. メートル法*が 18 世紀の後半に制定され,十進法が定着するようになると,セ氏が多く使われるようになりました.

日本では戦前生まれはもちろんのこと,戦後生まれの昭和 30 年代の人たちが日常生活で使った温度計には,セ氏と力氏の両方の目盛りが刻んでありました. セ氏と力氏の関係式は,C＝5/9（F－32）,例えば,力氏の 60 度は,セ氏の 15 度とほぼ同じです. つまり,60°F＝15℃ です. 現在,日本,ヨーロッパではセ氏が使われていますが,イギリス,アメリカでは力氏を使用しています. ⇒セ氏温度目盛り

カセトメーター　**cathetometer**　[長さ]

上下の差を正確に測定する測量機械です. 取り付けられた望遠鏡を上下し

てはかります．金属の傷などもはかります．

画素　がそ　pixel, picture element　［情報］
デジタル画像を構成する色情報を持つ最小単位の点のこと．絵素ともいう．英語のピクセル（pixel）のこと．画素の総数を画素数といい，画素数が多いと解像度*が増し，きれいな写真といえます．⇒ピクセル

加速度　かそくど　acceleration　［加速度］
ある直線，または曲線に沿って運動する点の時刻 t における道のりが s であるとき，$v=\dfrac{ds}{dt}$ を速度といい，$a=\dfrac{dv}{dt}=\dfrac{d^2s}{dt^2}$ を，加速度といいます．

時刻 t における動点Pの位置ベクトルが r であるとき，$v=\dfrac{dr}{dt}$ を速度といい，$a=\dfrac{dv}{dt}=\dfrac{d^2r}{dt^2}$ を加速度といいます．

カップ　cupful　［体積］
料理などに用いられる体積の単位．1カップは，およそ200ccです．

曲尺　かねじゃく　［長さ］(1)
長さの単位の1つ．1尺は約30.3cm．日本の伝統的な尺度で，古代から大幅には変わっていません．

曲尺（矩尺）　かねじゃく　［長さ］(2)
大工などが用いる道具の1つ．直角に折れ曲がった金属製の物差し．表には正規の目盛り表目を，裏にはそ

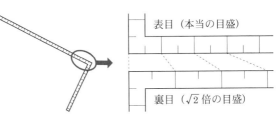

カラット

の$\sqrt{2}$倍（角目）や$1/\pi$倍などの目盛りを刻んでいます．直角定規も兼ね，木工・建築などで用いられます．

曲尺の裏目で直径をはかれば，そのまま柱の一辺の長さが求められる仕組みになっています（例えば直径が裏目で10cmなら，丸太の実際の直径は1.4倍の14cm，その丸太からは1辺10cmの角柱を切り出すことができます）．

カラット　carat　［質量］

宝石の質量を測定する単位．記号はct．ギリシア語のケラティオン（イナゴマメの角状の実）の質量がおよそ200mgであったことに由来するといいます．現在1カラットは，200mgと定義されています．

ガリレオ　galileo　［加速度］

⇒ガル

ガリレオ　Galileo Galilei（1564-1642）　［人名］

イタリアの数学者，物理学者，天文学者です．18歳のときピサ大学に入学しました．そのころピサ大聖堂のランプが揺れるのを見て，振り子の等時性を発見しています．1589年にピサ大学教授になり，数学を教えます．その後1592年には，パドバ大学教授になり，幾何，数学，天文学を教えています．1609年に望遠鏡を製作し，それを使って月のクレーターを発見しています．また，1610年に木星の衛星も発見しています．

空気の抵抗が無視できれば，重いものも軽いものも，同時に手放せば同時に着地することを証明しました．自由落下運動においては，落下速度は落下時間に比例するという仮説を立て，それから，落下距離は落下時間の2乗

に比例するという予想を導き，実験によってそれを確かめ，仮説が正しいことを証明しました．これを，「近代科学の方法」といいます．それで，ガリレオは「近代科学の父」と呼ばれています．

1632年に『二大世界体系についての対話』を出版し，翌年，ローマ法王異端審問を受けます．1638年に，オランダで『2つの新科学についての対話』を出版しています．

ガル　gal　［加速度］

近代科学の父と呼ばれるガリレオ・ガリレイ（Galileo Galilei，1564-1642）に由来する加速度の単位ガリレオ（galileo）を略したものです．記号は Gal．センチメートル毎秒毎秒*（記号：cm/s^2，1秒について速度が1cm/s 加速される加速度）にあたります．

カロリー　calorie, calory　［仕事・エネルギー］

熱量の単位．記号は cal です．「カロリー」は，ラテン語の「熱」を意味する calor に由来します．1気圧の下で，純水1gの温度を1度上げるのに必要な熱量は，温度によって変わります．たとえば，14.5℃から15.5℃まで上げるのに要する熱量 1cal は 4.1855 ジュール（J）です．これを15度カロリーといい，記号は 1cal$_{15}$ です．任意の温度 t℃の場合は，1cal$_t$ と表します．温度を指定しないときは，1cal=4.184J と定義します．

1気圧の下で，純水1gの温度を，0℃から100℃まで上げるのに必要な熱量の1/100を「1平均カロリー」といいます．1平均カロリー（cal$_{mean}$）は 4.1897J です．

J，すなわちジュールはエネルギーの単位で，1N（ニュートン）の力で1mの距離を移動させたときの仕事が 1J です．

仕事というのは，力×距離で定義される量です．仕事を与えられた物体は，これと同じだけのエネルギーを獲得します．仕事とエネルギーのディメンシ

ョンは同一で，したがって同じ量です．

　N（ニュートン）は，力の単位です．1N の力は，質量 1kg の物体を 1 秒間に毎秒 1m の速さに加速するのに必要な力と定義されています．そこで，1kg の物体に働く地球の重力はおおよそ 9.8N です．質量 1kg の物体が地上 1m の高さにあるとすると，位置エネルギーは 9.8J となります．

　日本の計量法では，1cal=4.184J としています．簡単に，1 カロリー＝4.2J とされます．これを使うと，質量 1kg の物体が 1m の高さにあるときの位置エネルギーは 9.8÷4.184 で 2.34cal となります．これは，質量 1kg の物体を 1m 持ち上げるときの仕事量でもあります．持ち上げた人は 2.34cal 消費することになります．体重 55kg の人が 1,000m 登ると，消費するエネルギーは 55×1,000×2.34＝128,700cal＝128.7kcal になります．

　栄養学では 1,000 平均カロリーを単にキロカロリー（kilocalorie，記号は kcal）といいます．大カロリー（Cal）と呼ばれた時期もありますが，現在は用いられません．

ガロン　**gallon**　［体積］

　ヤード・ポンド法[*]の体積の単位．記号は gal．英ガロン（imperial gallon）は，1 パイントを 20 液量オンスとしたときの 8 パイントです．4.54609ℓ にあたります．米液量ガロンは，3.785411784ℓ です．日本で用いられるのは米液量ガロンだけで，3.785412ℓ に丸めています．

　なお，液量オンスは，アメリカでは 29.573mℓ，イギリスでは 28.412mℓ です．

澗　かん　［数える］

　吉田光由[*]著『塵劫記』にある大数の 1 つで，溝の 1 万倍，10^{36} です．

貫　かん　［質量］

　尺貫法[*]の質量の単位．1921 年に，国際キログラム原器[*]の質量の 15/4

と定められました．一貫＝3.75kg です．

1 文銭の質量が 1 匁で，1,000 匁を 1 貫と呼びました．貫と呼ぶのは，開元銭 1,000 枚を緡と呼ばれる紐で貫いたことに由来します．実測によると，3.736kg であったようですが，1921 年に上記のように定められました．

間接測定　かんせつそくてい　indirect measurement　［はかる］

公式を使ったりして，計算によって測定値*を求めることをいいます．
⇒直接測定

カンデラ　candela　［光］

光源の明るさの単位．国際単位系*（SI）の 7 つの基本単位の 1 つで，記号は cd です．1979 年の第 16 回国際度量衡総会において，「周波数 $540×10^{12}$ ヘルツの単色放射を放出する光源の放射強度が 1W/sr の 1/683 である方向における光度」と定められました．普通のローソクの光度は 1 カンデラです．カンデラは，「獣脂蝋燭」という意味のラテン語「カンデーラ」（candela）に由来しています．

ガンマ　gamma　［電気・磁気］

CGS 単位系の磁束密度の単位．10^{-5} ガウスです．記号は γ．

気圧　きあつ　atmosphere　［圧力］

地球を取り巻く大気の及ぼす圧力の平均の大きさで，記号は atm．
　　　　1atm＝1013250 ダイン /cm^2＝1.013250 バール
です．重力加速度 $9.80665m/s^2$ のもとで，76cm の水銀柱が底面に及ぼす圧力です．

ギガ

ギガ giga ［接頭語］

ギガは 10^9（＝10 億）を表す接頭語です．記号は G.

機械時計 きかいとけい watchmechanical clock ［時間］

動力装置，脱進機，調速機などの部品が，すべて機械的である時計．ゼンマイを動力とし，歯車の組み合わせにより，長短針を動かし，時刻を表示します．振り子の等時性を利用する時計を振り子時計といいます．天符と呼ばれる等時性をもつ回転子を利用する場合もあります．水晶の振動現象を利用する水晶時計や，電流を受信する電波時計などもあります．

ギガサイクル毎秒 ―まいびょう gigacycle per second ［電気・磁気］

⇒ギガヘルツ

ギガバイト gigabyte ［情報］

10 億バイト（10^9byte）です．記号は GB．⇒バイト

ギガヘルツ gigahertz ［電気・磁気］

10^9ヘルツ*です．電磁波などの周波数の単位で，毎秒 10^9 サイクルの周波数です．記号は GHz.

掬 きく ［体積］

古代中国や日本で用いられた体積の単位．両手で掬った量です．

起電機 きでんき electrostatic generator ［電気・磁気］

摩擦または静電誘導により電気を集める装置です．硫黄球を摩擦して静電気を作る起電機は，1660 年頃に O. ゲーリケによって最初に作られました．

70

きゅうのたいせき

静電誘導による簡単な装置は，1775 年 A. ヴォルタ*によって考案された電気盆が最初です．

基本単位　きほんたんい　**fundamental unit**　［はかる］

それぞれ独立に定義しなければならない量の単位をいいます．少数の基本単位を定義すれば，他の量の単位は，そこから導かれます．これを誘導単位*（compound unit）といいます．基本単位の選び方はさまざまですが，通常は，長さ，質量，時間を選びます．

長さにセンチメートル（cm），質量にグラム（g），時間に秒（s）を選んだのが，CGS 単位系*です．現在は，温度（ケルビン*：K），電流（アンペア*：A），光度（カンデラ*：cd），物質量（モル*：mol）を加えています．この 7 つを，SI 基本単位といいます．

キャンドル　**candle**　［光］

カンデラ*が採用されるまで，イギリス，日本で使われていた光度の単位．記号は C. 燭ともいいます．ペンタン灯を一定の条件で燃焼したときの水平光度の 1/10 を，1 キャンドルといいます（ペンタンは分子式 C_5H_{12} の液体で，空気と混合して燃焼させます.）．1 キャンドルは，1.018 カンデラにあたります．キャンドルは英語で蝋燭を意味します．

球の体積　きゅうのたいせき　**volume of sphere**　［体積］

半径 x の球の表面積は，$4\pi x^2$ です．そこで，半径 r の球の体積は，

$$\int_0^r 4\pi x^2 \mathrm{d}x = \left[\frac{4}{3}\pi x^3\right]_0^r = \frac{4}{3}\pi r^3$$

となります．「身の上に心配あーる惨状」と覚えます．

71

キュービット cubit ［長さ］

古代バビロニア，エジプトの長さの単位．肘から中指の先端までの長さで，バビロニアでは 53.1cm のものが出土しています．エジプトでは，52.5cm と 52.35cm の 2 種類が出土しています．時代と場所により，まちまちで，45.72cm（18 インチ）とする場合もあります．

キュリー curie ［仕事・エネルギー］

放射能の単位．記号は Ci です．毎秒の崩壊数が 3.7×10^{10} 個であるとき，放射能は 1Ci である，といいます．フランスの物理学者キュリー*夫妻（Pierre et Marie Curie）に由来します．

キュリー Pierre Curie（1859-1906），Maria Skłodowska-Curie（1867-1934） ［人名］

フランスの物理実験家です．キュリー夫人こと，マリーはポーランドのワルシャワで中学校の数学と物理の教師の父の子として生まれました．1883 年，ワルシャワの高等女学校を卒業．その後，家庭教師をしながら勉強し，1891 年ソルボンヌの理科大学に入学．学生街の屋根裏の部屋に間借りをしながら，勉学に勤しみました．1893 年，物理学の学士試験で首席，1894 年，数学の学士試験は次席でした．翌年，マリーは物理化学学校の実験主任のピエール・キュリーと結婚．物理学者ベクレルの影響を受け，夫妻でウラン鉱石の精製からラジウム，ポロニウムを発見し，原子核の自然崩壊および放射性同位元素の存在を実証．原子（核）物理学の最初の基礎を作るとともに，文字通り原子力・核の時代を開くことになりました．1903 年には夫妻でノーベル物理学賞を受賞，さらに 1911 年にはマリーが化学賞をしました．

京升　きょうしょう　[体積]

豊臣秀吉が制定した升で，この容積が尺貫法の 1 升となりました．0.16 リットルにあたります．「きょうます」ともよみます．

協定世界時　きょうていせかいじ　coordinated universal time　[時間]

国際原子時にもとづいて，地球の自転から計算された世界時との時刻差が一定範囲内に収まるように調整（coordinate）された人工時系です．UTC と略記されます．インターネットで「協定世界時」を検索すると，刻々，知ることができます．日本の標準時は，UTC＋9 時間です．

キルビメーター　curvimètre　[長さ]

以前はカービメーターと呼んでいましたが，現在はキルビメーターが主流の呼び方です．また，オピソメーター（opisometer）ともいいます．本体の先にローラーがあり，地図上の道路に沿って転がして，その回転数によって道のりをはかったりします．

キロ　kilo　[接頭語]

1,000 を表す接頭語です．記号は k．

キロカロリー　kilocalorie　[仕事・エネルギー]

熱量の単位．記号は kcal です．キロは 1,000 を表す接頭語ですから，1 キロカロリーは 1,000 カロリーです．温度を指定しないときは 4186.05 ジュール*とします．このとき，1 キロワット時*＝860kcal の関係が成り立ちます．

温度を指定するときは，1 気圧の下で，質量 1kg の純水を，指定温度よ

キログラム

り 0.5℃低い温度から 0.5℃高い温度まで引き上げるのに必要な熱量をいいます．指定温度が 15℃の場合の記号は，kcal₁₅ を用います．

キログラム kilogram ［質量］

質量の単位で，記号は kg．1kg＝1,000g です．国際キログラム原器*の質量です．SI 基本単位の 1 つ．

キログラム重 —じゅう kilogram weight ［重さ・力］

重さの単位．重力加速度 9.80665m/s² のもとで，1kg の物体に働く重力の大きさを，1 キログラム重といいます．記号は kgw または kg 重．

キログラム重毎平方センチメートル —じゅうまいへいほう— kilogram weight per square centimeter ［圧力］

圧力の単位．1 平方センチあたり 1kg 重の力が働く圧力の大きさを，1 キログラム重毎平方センチメートルといいます．記号は，kgw/cm² または kg 重 /cm² です．

キログラムメートル kilogram meter ［仕事・エネルギー］

キログラム重メートルを略記したものです．1kg 重の力が，その方向に物体を 1m 移動させたときの仕事あるいはエネルギーをいいます．

キロバイト kilobyte ［情報］

情報量の単位で，記号は KB．1,000 バイトのことです．1 バイトは，8 ビット*に相当します．⇒バイト

キロヘルツ kilohertz ［音］

振動数の単位で，1,000 ヘルツのことです．記号は kHz．⇒ヘルツ

きん

キロメートル　kilometer　［長さ］

長さの単位．1,000 メートル*のことです．記号は km.

キロメートル毎時　—まいじ　kilometer per hour　［速さ・速度］

時速 1km の速さで，記号は km/h です．

キロメートル毎秒　—まいびょう　kilometer per second　［速さ・速度］

秒速 1km の速さで，記号は km/s です．

キロメートル毎分　—まいふん　kilometer per minute　［速さ・速度］

分速 1km の速さで，記号は km/min です．

キロリットル　kiloliter　［体積］

体積の単位で，1,000 リットル*のことです．記号は kl.

キロワット時　—じ　kilowatt hour　［仕事・エネルギー］

1 キロワット時は，仕事率（工率）1 キロワットで 1 時間にする仕事，あるいはそれと等しい熱量をいいます．電力をはかるのに用います．記号は，kWh. 1kWh＝$3.6×10^6$ ジュール*です．

斤　きん　［質量］

『漢書』律暦志では，16 両を 1 斤としています．このとき，1 斤は 222.72g です．唐代におよそ 3 倍となり，それが日本に入りました．明治になって 160 匁，600g に統一されました．食パンの場合は 1 山を 1 斤と呼び，およそ 400g です．

75

均時差　きんじさ　equation of time　［時間］

真太陽時*から平均太陽時*を引いた差です．2月12日頃最小になり，4月16日頃0, 5月15日頃極大, 6月14日頃0, 7月27日頃極小, 9月2日頃0, 11月4日頃最大, 12月24日頃0となります.

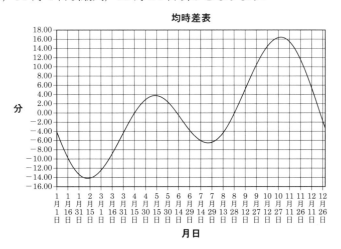

近似値　きんじち　approximate value　［はかる］

円周率は，何兆桁も計算されていますが，日常では3.14とか，3.1416で間に合います．このように，真の値に近く，真の値の代わりに用いられる数を，近似値といいます．社会統計ではおよその値が用いられますが，これも近似値です．

クーロン　coulomb　［電気・磁気］

MKSA単位系*の電気量の単位．1クーロンは1アンペア*の電流が，1秒間に運ぶ電気量で，記号はCです．フランスの工学者C.A.クーロン*に由来します．

クーロン　Charles-Augustin de Coulomb（1736-1806）　[人名]

フランスの土木工学者，電気学者です．初等教育をパリで受けた後，陸軍士官学校（École royale du génie de Mézières）を卒業．工兵隊に入り，マルチニック島に9年間勤務．その間，ブルボン城塞建設に従事し，石造建築の耐久性や構造物を建てるための支持土圧の実験をしました．ここでクーロンの土圧論を確立．パリにもどり，アカデミー会員に選ばれるなど，研究の環境がよくなりました．やがて電気および磁気の研究に転じ，1785年に精密なねじれ秤を考案して電磁気学におけるクーロンの法則を発見しました．電気の単位クーロンは，彼の名にちなみます．

クォーター　quarter　[長さ]

ヤード・ポンド法*の長さの単位．1/4 ヤード*，22.861cm です．クォーターというのは，4分の1という意味です．

クォーター　quarter　[体積]

ヤード・ポンド法*の体積の単位で，主に穀物の取引に用います．8.26 ブッシェル*，290.95 リットルです．

クォーター　quarter　[質量]

ヤード・ポンド法*の質量の単位で，イギリスでは 1/4 ハンドレットウェート＝2ストーン*＝28 ポンド*＝12.7005880kg です．アメリカでは，1/4 トン*で，ショートトンの場合は 226.8kg，イギリスのロングトンの場合は 254.0kg です．

クォート　quart　［体積］

ヤード・ポンド法*の体積の単位．記号は qt．クォートは 4 分の 1 という意味で，ガロン*の 4 分の 1 です．1 クォートは，イギリスでは 1/4 ガロン（1.11365 ℓ），アメリカでは，液用は 1/4 ガロン（0.9463 ℓ），乾量は 1/8 ペック*（1.101220 ℓ）です

鯨尺　くじらしゃく　［長さ］

日本固有の長さの単位で，裁縫用に用いられました．鯨のひげで作ったので，鯨尺といいます．鯨尺の 1 尺は，曲尺(かねじゃく)*の 1 尺の 1.25 倍です．起源は不明ですが，中世以後に現れています．民間で用いられており，官用に用いられたことはありません．

クテシビオス　ctesibius of Alexandria　（前 2 世紀頃）　［人名］

アレクサンドリアのムセイオンの最初の館長といわれます．伝えられるところによると，元は床屋だったようです．水時計を改良したことで知られます．この水時計は，17 世紀にクリスティアーン・ホイヘンスによって振り子時計が発明されるまで，もっとも正確な時計だったといいます．⇒水時計

雲形定規　くもがたじょうぎ　French curve　［はかる］

いろいろな曲線を描くための道具です（図）．オハイオ州立大学のトーマス・フレンチ教授が発明したので，フレンチ・カーヴという名前が付けられています．これで曲線を描くには，連続する 4 点を通る定規を選び出し，中の 2 点を，定規をなぞって結びます．両端だけは，端まで 3 点を結びます．

グラード　grade　[角・角度]

　角の単位で，1直角の1/100です．記号はg．円グラフに利用されるためか，電卓に搭載されています．フランスで生まれた単位です．

グラム　gram, gramme　[質量]

　CGS単位系*の質量の単位．記号はg．国際キログラム原器の質量の1/1,000です．⇒国際キログラム原器

グラム重　—じゅう　gram weight　[重さ・力]

　重さの単位．重力加速度$9.80665m/s^2$のもとで，1gの物体に働く重力の大きさを，1グラム重といいます．記号は，gwまたはg重です．

グラム重毎平方センチメートル　—じゅうまいへいほう—　gram weight per square centimeter　[圧力]

　圧力の単位．1平方センチあたり1g重の力が働く圧力の大きさを，1グラム重毎平方センチメートルといいます．記号は，gw/cm^2，またはg重/cm^2です．

グラム分子　—ぶんし　gram molecule

　⇒モル

グレイ　gray　[仕事・エネルギー]

　放射線が物質に照射された時，吸収されるエネルギー（吸収線量）をグレイといいます．記号はGy．1Gy=1J/kgです．0.24cal/kgとも表されます．イギリスの物理学者L.H.グレイ（Louis Harold Gray，1905-1965）に由来します．

グレイ　Louis Harold Gray（1905-1965）　［人名］

イギリスの物理学者．ロンドン郵便本局（the General Post Office）の電信技師の父の子として生まれました．小学校の成績が優秀で，ケンブリッジ大学トリニティ・カレッジ入学．1929年，キャヴェンディシュ研究所員になります．その後1953年，マウンド・バーノン病院にグレイ研究所を設立．物体の電気伝導に差があることを明らかにし，人体も電気の導体であることを，実験によって示しました．彼の業績を讃えて，吸収線量のSI組立単位のグレイ（gray）は，彼の名にちなみます．

グレーン　grain　［質量］

ヤード・ポンド法*の質量の単位．穀粒を意味します．記号はgr．1gr＝1/7,000 常用ポンド＝64.798918mg です．

公畝　くんむー　［面積］

中国のメートル法による面積単位で，1アール*，100m^2 にあたります．人民中国になってから，従来の畝と区別するために，名づけられました．

京　けい　［数える］

大数の1つ．古くは兆の10倍で，10^7 でした．万進法で統一された吉田光由*著『塵劫記』では，兆の1万倍で，10^{16} になります．「上数」（大数の項を参照）では，京は1兆の1兆倍で，10^{32} になります．

頃　けい　qing　［面積］

中国の面積単位です．中国語ではチンといいます．100畝です．唐代には5.803ha，宋，元代には5.662ha，明代には5.803ha，清代には6.114ha

と推定されています.

計算尺　けいさんじゃく　**slide rule**　[はかる]

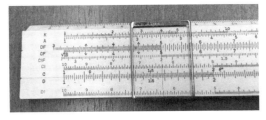

足し算,引き算はできませんが,掛け算,割り算,累乗,累乗根,三角関数などの計算が,簡易的に求められる器具です.動かない2つの目盛り尺の間に動く目盛り尺(滑尺)が付いており,これを滑らし,動かすことによって計算ができます.工業分野の特殊計算に便利なように,電気用,機械用,土木用などの特殊計算尺があります.材質は竹,プラスチック.1980年代ころまで主流でしたが,電卓(電子式卓上計算器),コンピュータなどの普及で,使われなくなってきています.

スコットランドのJ.ネイピア*(John Napier, 1550-1617)が,1614年に対数の理論を発表し,その6年後,イギリスのE.ガンター(Edmund Gunter, 1581-1626)が対数尺を考案.1632年,W.オートレッド(William Oughtred, 1574-1660)が,主流となった直線型と円形型の計算尺の発明をしました.

計数管　けいすうかん　**counter**　[仕事エネルギー]

α線,β線,陽子線,中間子など高速荷電粒子の電離作用を利用して,これらの粒子を数える装置です.比例係数管,ガイガー・ミュラー計数管*,などがあります.また,発光現象を利用するものとして,シンチレーション計数管,チェレンコフ計数管などがあります.⇒ガイガー・ミュラー計数管

計測震度　けいそくしんど　**instrumental seismic intensity**　[仕事・エネルギー]

計測震度は,1996(平成8)年4月より地震動の強さを示す指標として

けつ

気象庁が正式に導入したものです．これ以前の気象庁震度階級は，周囲の被災状況と測候所職員の体感よって決められていました．

『理科年表』（2017）に，次の説明があります．

「『計測震度』とは地震動の強さを表す指標として，次の算式により算出したIの小数第3位を四捨五入し，小数第2位を切り捨てたものをいう．

$$I = 2 \cdot \log(a_0) + 0.94$$

a_0は，$\int w(t, a)dt \geqq 0.3$を満たすaの最大値，tは時間（s），aは地震動にかかわるパラメータ（cm/s^2）で，積分範囲は地震動が継続している時間とする．$w(t, a)$は，$v(t) < a$のとき0，$v(t) \geqq a$のとき1をとる関数．$v(t)$は，地震動の直交する3成分の加速度にそれぞれフィルターをかけた後，ベクトル合成した値（cm/s^2）.」⇒震度

結　けつ　［面積］

『三国遺事』（1280年頃）に見られる古代朝鮮の面積単位．1結は，100負で，およそ，2ヘクタールです．

結負制　けっぷせい　［面積］

古代朝鮮の独特の土地面積表示法．起源は人間の手で，一握りの量の穀物を租税としたものです．負担すべき広さの土地を1把の土地として，10把を1束，10束を1負，100負を1結としたことに始まると思われます．三国時代（魏，呉，蜀が鼎立した時代）から1918年までの長い期間使用されましたが，その内容は時代により異なります．

ケプラー　Johannes Kepler（1571-1630）　［人名］

ドイツの天文学者．ヴェルテンベルク（南ドイツ）のヴァイルで，居酒屋を営んでいる父の長男として生まれました．丈夫な体ではなく4歳の時，天然痘で視力を落としました．家は貧しかったのですが，奨学金でマウルブ

ロン修道院に入り，その後 1587 年，チュービンゲン大学に入学し，数学を学びました．M. メストリン教授から数学と天文学を学び，刺激を受け親密な関係が生まれました．メストリンの推薦で，1594 年グラーツ州立新教ギムナジウム（現グラーツ大学）で数学と天文学を教えるようになりました．宗教改革の反動がケプラーにもおよび，グラーツを去ることになります．1599 年，運命の出会いがあり，デンマークの天文学者ティコ・ブラーエの助手になることになります．ティコが亡くなる 1601 年まで共同研究がなされますが，その後もティコの残した観測データで研究を続けました．そして，ティコ・ブラーエの 16 年にわたる観測の結果に基づいて，次の 3 つの法則を発見しました（1619 年）．

(1) 惑星は，太陽を 1 つの焦点とする楕円軌道を描く．（第 1 法則）
(2) 惑星と太陽を結ぶ線分は，等しい時間に，等しい面積を掃く．（第 2 法則）
(3) 任意の 2 つの惑星の公転周期の 2 乗は，太陽からの平均距離の 3 乗に比例する．（第 3 法則）

これが，世にいうケプラーの惑星の運動に関する法則です．この法則が発見される経緯を少し紹介すると，ケプラーが火星は円軌道で，太陽を円の中心から少しずれたところに仮定したのですが計算の結果，どうしても観測値と合致しない．ずれは角度にして 8 分という誤差でしたが，根気よく計算のやり直しをし，火星の軌道は円ではなく，楕円であることを 6 年かけて明らかにしました．この楕円軌道の法則を「第 1 の法則」といい，このことを著書『新天文学』(1609 年) に述べています．「第 3 の法則」は，著書『宇宙の調和』(1619 年) に紹介されていますが，ケプラーはとても満足したといわれています．これらの法則はニュートンが運動の法則を導く，よりどころになりました．

ケルヴィン

　江戸時代の医者で天文学者の麻田剛立（1734-1799）は，ケプラーの第3法則に類似した法則を独自に発見しました．著書の『五星距地之奇法』に「……水星，金星，火星，木星，土星の五つの惑星は，太陽から遠いか近いかによって，その運行の早い遅いが異なっています．それはちょうど，振り子の球がふれて一往復する速さが，紐の長さによって異なるのと同じです．つまり，惑星の運行は，振り子の球の往復運動と同じようなものなどです．そして，これらの五つの惑星が太陽を一周するのにかかる年数を二乗した値は，惑星の軌道半径を三乗した値に比例するのです．……」と記述しています．

ケルヴィン　William Thomson, 1st Baron Kelvin（1824-1907）　[人名]

　アイルランドのベルファスト生まれのイギリスの物理学者．本名はウィリアム・トムソンです．ケルヴィン卿の称号を受けています．ケルヴィンの名は，グラスゴー大学のそばを流れるケルヴィン川にちなんでいます．
　幼い時から神童といわれ，10歳でグラスゴー大学に入学．ケンブリッジ大学でも学び，1845年，ケンブリッジ大学を卒業．パリのH. V. ルニョーのもとで実験技術を磨き，ニコラス・レオナルド・サディ・カルノーの研究を発展させ，1848年，「温度が物体中のエネルギー総量を表す」という絶対温度の概念を導きました．のちに，この単位はケルビン*（K）と呼ばれるようになりました．22歳でグラスゴー大学の教授になり，イギリスで初めての物理学教室をつくりました．
　工部大学校の日本の留学生志田林三郎などを指導し，日本との関わりもありました．明治政府から勲一等旭日章を受けています．

ケルビン　kelvin　[はかる]

　熱力学温度*（絶対温度）の単位．国際単位系*（SI）の基本単位の1つで，

けんりゅうけい

記号は K. 水の三重点の熱力学温度の 1/273.16 です. イギリスの物理学者
ケルヴィン*（ウィリアム・トムソン）に由来します.

間　けん　［長さ］

尺貫法*の長さの単位. 1 間＝6 尺＝1.81818m です.

原子炉　げんしろ　**nuclear reactor**　［電気・磁気］

ウラン 235，ウラン 233 またはプルトニウム 239 などを燃料として核分
裂連鎖反応を制御しながら持続させて，エネルギーを取り出す装置を原子炉
といいます. 1942 年 12 月 2 日，E. フェルミらによってアメリカのシカゴ
大学で，初めて成功しました. 現在，発電用として運転中のものは大部分が
速度の遅い熱中性子で核分裂連鎖反応を起こさせる熱中性子炉と呼ばれる型
のものです.

ケントゥリア　**centuria**　［面積］

古代ローマの面積単位. 100 人隊（centuria）に由来します. 710m 四方
の広さで，71m 四方のヘレディウム*100 面から成り立ちます. ヘレディ
ウムはくびきにつながれた 2 頭の牛が 1 日に耕す面積で，1.24 エーカーで
す. 現在も，その遺構がボローニア市近郊に残されています.

ヘレディウムは世襲地という意味ですから，100 人隊のような組織が，
代々世襲で継承していたと思われます. 100 人隊とは，セルウィウス・ト
ゥッリウスが作った軍事組織です.

検流計　けんりゅうけい　**galvanometer**　［電気・磁気］

電流，電気量を測定する器具. 微少な電流を検出
するのに用いられ，内部にあるコイルを流れる電流
の向きと大きさに応じて指針が左右に振れます.

こう

溝　こう　[数える]

吉田光由*著『塵劫記』にある大数の1つ. 穣の1万倍で, 10^{32} です.

合　ごう　[体積]

古代中国では, 黄鍾律管*（こうしょうりっかん）と呼ばれる笛を満たす秬黍（くろきび）1,200粒の体積を1龠*（やく）といい, その2倍を1合としています. 18.039mℓと推定されています.

明治時代に制定された尺貫法*では, 180.39mℓです.

龠（やく）は, 黄鐘律管という笛です. また, 秬黍（くろきび）は, 現在は高粱（こうりゃん）といいます.

恒河沙　ごうがしゃ　[数える]

『塵劫記』にある大数の1つ. 極（ごく）の1万倍で, 10^{52} です.「ガンジス川の砂の数ほど多い」という意味です.

高気圧　こうきあつ　anticyclone　[圧力]

大気内で, 周囲より気圧が高い所をいいます. 何ヘクトパスカル*以上という基準はありません.

句股弦　こうこげん　[長さ]

直角3角形の直角の2辺の短いほうを句, 長いほうを股といいます. また, 斜辺を弦といいます.『九章算術』第九句股には,「句, 股をそれぞれ自乗し, 加え合わし, 開平方すれば弦である」と書かれています.

黄鍾律管　こうしょうりっかん Huangzhong standard pipe　[はかる]

古代中国の度量衡の研究から, 初期に黄鍾律管と累黍（るいしょ）が大きな影響を与えていたことがわかってきました. この研究には多くの議論, 論争がありました.『漢書』律暦志に「五声（音）の元は, 黄鍾（こうしょう）にある」とあります.「音」は無形ですので, 楽音を発する楽器を作る必要がありました. それが律管で

した．「黄鍾」は十二律の基準音で，低音で振動体（管）が最も長く，Cの音を出すものです．古代の楽律学者は「黄鍾」は調和の音であることを認め，宮廷音楽の中で主要な楽調であるとしました．そのため黄鍾律を確定することは非常に注目されていました．律管は一端に吹き口のある閉口管で，中間には孔管はありません．

『漢書』律暦志によると，「度はこの（黄鍾）長さを 90 分とし，量はこの体積を龠（秬黍 1,200 粒分）とし，衡はこの秬黍 1,200 粒の重量を 12 銖にした」といいます．

竹製の管

恒星月　こうせいげつ　sidereal month　［時間］

1 恒星月は，月が，天球上である恒星から黄道に下ろした垂線を通過してから，次にその垂線を通過するまでの時間です．2017 年の値は，27.321662 日です．

恒星時　こうせいじ　sidereal time　［時間］

春分点の南中による時刻と，恒星の南中による時刻があります．前者を，真恒星時といいます．1 恒星日*の 1/24 を 1 恒星時（sidereal hour）ということがあります．時計の 1 時間の 0.99726957 倍です．

恒星日　こうせいじつ　sidereal day　［時間］

1 恒星日は，天球上の春分点が天球上の子午線を通過してから次に通過するまでの時間です．平均太陽時*の 23 時間 56 分 4.0905 秒です．

こうせいねん

恒星年　こうせいねん　**sidereal year**　［時間］

1 恒星年は太陽がある恒星の黄経を通過してから次に通過するまでの時間です．2017 年には，365.25636 日です．

光度　こうど　**luminous intensity**　［光］

光源の明るさをいいます．カンデラを単位として測定します．⇒カンデラ

光年　こうねん　**light year**　［長さ］

1 光年は光が真空中を 1 太陽年*間に進む距離で，9.46050×10^{12}km です．記号は l.y..

石　こく　［体積］

中国，日本で用いられた体積の単位．古くは斛の字が用いられました．日本では 1,000 合，100 升，10 斗にあたり，180.390 リットルです．中国では 103.490 リットルです．

「太閤が，1 国（石）米を買いかねて，今日もご渡海（五斗買い），明日もご渡海（五斗買い）」というのは太閤秀吉の中国征伐を揶揄した狂歌です．

また，加賀百万石ということばがあります．この石は，1 人の兵士が 1 年で食べる米のとれる面積は 1 石といって，戦争をするのにどれぐらいの食糧が必要か，またどれぐらいの兵力がある国かを判断するのに決められた面積です．1 石は 360 坪で，とれる米の重さに換算すると約 150kg．1 石は，米俵で 2 俵半 60kg×2.5＝150kg，兵士の食べる 1 日分は 150kg÷360 日＝ 0.4166kg．加賀百万石とは，100 万人の兵士を 1 年間食べさせる量といえます．

斛　こく　［体積］

石と同じです．⇒石

刻 こく　［時間］
　⇒刻

極 ごく　［数える］
　吉田光由[*]著『塵劫記』にある大数の1つで，載[*]の1万倍，10^{48} です．

国際キログラム原器　こくさい―げんき　**International Prototype Kilogram**
［質量］
　1kg を定義する原器です．白金約90％，イリジウム約10％の合金製で，高さ，直径とも 39mm の円柱形です．27℃の純水1リットルの質量を1kg と定め，それに合致するように作成されました．パリ郊外の国際度量衡局に置かれています．

国際単位　こくさいたんい　**international unit**　［電気・磁気］
　1908年のロンドン会議で，実用単位[*]を具体化するために決定した単位です．次に示すように，記号の前に int を付けます．
　　　　1int.Ω＝1.000470Ω，1int.V＝1.000335V
　　　　1int.A＝0.999865A
と，換算されます．電磁気的諸量は，1948年の国際度量衡会議で廃止されています．国際単位系[*]と混同しないように注意が必要です（『岩波　理化学辞典』第3版増補版）．

国際単位系　こくさいたんいけい　**international system of units**　［はかる］
　1960年に国際度量衡総会で採択された単位系です．英語では IS，フランス語では SI と表します．長さ（メートル[*]），質量（キログラム[*]），時間（秒[*]），電流（アンペア[*]）の4つに，温度（ケルビン[*]），光度（カンデラ[*]），

こくさいひょうじゅんかきこう

物質の量（モル*）を加えた 7 つが SI 基本単位です．S は system で単位系の意ですから，「SI 単位系」というのは，「馬から落馬する」というようなもので，誤りです．

国際標準化機構　こくさいひょうじゅんかきこう　**International Organization for Standardization**　［はかる］

1926 年創立の万国規格統一協会（International Federation of the National Standardization Association）の後身で，1947 年に創立されました．ISO と略称されます．スイスのジュネーブに事務局があり，工業製品や部品，技術の各国の規格の標準化を目的とします．

誤差　ごさ　**error**　［はかる］

近似値から真の値を引いた差を，誤差といいます．実測値*から実測値の平均を引いた差を誤差ということもあります．

忽　こつ　［はかる］

吉田光由*著『塵劫記』にある小数の 1 つで，10^{-5} です．

弧度　こど　**radian**　［角・角度］

円弧の長さが半径の長さに等しいとき，その円弧に対する中心角の大きさを，1 弧度といいます．1 弧度は，57 度 17 分 44.806……秒です．弧度を単位として角の大きさを表す方法を，弧度法といいます．⇒ラジアン

単位円において，単位角に対する円弧の長さを a とすると，

$$\{\sin(ax)\}'=a\cos(ax)$$
$$\{\cos(ax)\}'=-a\sin(ax)$$

したがって，$a=1$ とすると，

$$(\sin x)'=\cos x$$

$(\cos x)' = -\sin x$

となります．$a=1$ とした単位角が，弧度です．

コプリメダル　Copley Medal　[人名]

このメダルは 物理学，生物学の分野の研究者に贈られる最も歴史の古い賞です．日本ではあまり知られていませんが，ノーベル賞より古く，この賞に匹敵するくらい権威ある賞で，現在も続いています．

イギリスの王立協会（Royal Society）により，1731年に創立．裕福な地主ゴッドフリー・コプリ卿（Sir Godfrey Copley, 1653-1709）の基金が，もとになっています．

最初の受賞者は，イギリスのアマチュア科学者で本業染物屋のスティーヴン・グレイ（Stephen Gray, 1666-1736）で，電気誘導の発見者でした．度量衡の関係者では，M.ファラデー*，C.ガウス*，G.オーム*などが受賞．その他の分野では，B.フランクリン，C.キャヴェンディッシュ，C.ダーウィン，L.パスツール，D.メンデレーエフ，A.アインシュタインなど，錚々(そうそう)たる科学者が受賞しています．

渾天儀　こんてんぎ　[長さ]

天球をかたどった観測器具です．窺管(きかん)と呼ばれる回転筒で星をとらえ，天球上の円弧の長さをはかります．単位は度*(2) です．度は，平均太陽が黄道上を一昼夜に移動する距離で，周天365度25分としています．1度は100分です．

紀元前200年，前漢の時代には，すでに存在していたと思われます．当時はまだケプラーの法則は知られていませんから，太陽は等速で円運動をすると考えられてい

コンパス

ました．したがって，当時の太陽は現代の平均太陽と考えてよいでしょう．

当時の中国には，現在の星座と異なる 28 の星座がありました．これを二八宿といいます．この二八宿を天の赤道上に投影した経度，すなわち赤経は，次のようです．

二八宿	赤経	二八宿	赤経	二八宿	赤経	二八宿	赤経
角	169 度 93 分	亢	181 度 63 分	氐	190 度 44 分	房	204 度 90 分
心	210 度 15 分	尾	214 度 29 分	箕	233 度 24 分	斗	243 度 24 分
牛	243 度 46 分	女	277 度 90 分	虚	289 度 72 分	危	299 度 28 分
室	315 度 92 分	壁	332 度 44 分	奎	340 度 88 分	婁	350 度 54 分
胃	7 度 37 分	昴	22 度 57 分	畢	33 度 01 分	觜	50 度 87 分
参	52 度 34 分	井	59 度 27 分	鬼	91 度 57 分	柳	96 度 33 分
星	111 度 49 分	張	118 度 35 分	翼	135 度 48 分	軫	153 度 29 分

コンパス　compass　［長さ］

円を描く道具で，古くは「ぶんまわし」といい，筆を用いていました．規矩準縄ということばの規は，コンパスを意味します．製図用には烏口と呼ばれる墨を入れる部品を用います．コンパスはまた，曲線の長さをはかるのにも用います．鉛筆や烏口の代わりに針を取り付けたものはディバイダー*（divider）といいます．製図用具のコンパスはポルトガル語の compasso に由来しています．

もう 1 つ意味のある航海用具の「コンパス」（羅針儀・羅針盤）は，オランダ語の kompas からです．どちらもラテン語の compassare「歩幅（pas）で（com）はかる」に遡ります．「歩幅ではかる」→「一周する」→「円を描くもの」という意味に変化していきました．

載　さい　[数える]

吉田光由*著『塵劫記』にある大数*の1つ.　正*の1万倍で，10^{44} です.

サイクル　cycle　[電気・磁気]

一連の現象が繰り返し起こるとき，その一循環をサイクルといいます．記号は c.

交流電流の場合には，電流の向きが1回入れ替わることが1サイクルです．サイクル毎秒*を単にサイクルということがあります．

サイクル毎秒　—まいびょう　cycle per second　[電気・磁気]

交流電流が，1秒間に何回向きを変えるかを示す単位．記号は c/s です．サイクル毎秒を単にサイクルともいいます．「家庭の電流は，関西が60サイクル，関東が50サイクルである」というのは，その例です．明治時代，導入した発電機が関西はドイツ製，関東はアメリカ製であったのでサイクル毎秒が異なりました．

交流電流に限らず，一般の等周期現象においても，その頻度をサイクル毎秒で表すことができます．

棹秤　さおばかり　beam, balance　[質量]

方眼になっている用紙を切って物差しを作り，中点を支点とします．このとき，図のように，吊るす重さと支点からの距離は反比例します．これを「てこの原理」といいます．てこの原理によれば，吊るした点と支点との距

93

離を「腕の長さ」といい，腕の長さと重さとの積を「モーメント」と呼び，支点の左右のモーメントが等しいときにてこは水平になります.

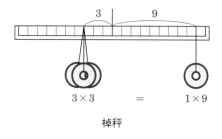

棹秤

この原理を利用して重さを比較して質量を測定する道具を「棹秤」といいます．棹秤の支点の左側のフック（吊り具）のモーメントと品物のモーメントの和が，右側の棹のモーメントと分銅のモーメントの和と等しいとき，棹は水平になります．目盛は品物の重さを示すように目盛られています.

棹秤は重さを比較していますから，両極地方ではかっても赤道上ではかっても，目盛は同じです．すなわち，質量をはかっているわけです.

天秤*も重さを比較していますから，質量をはかる道具ですが，同じ重さになるように分銅を選ぶのに手間がかかります.

ちなみに，バネ秤は力の大きさをはかる道具ですから，重さをはかっています．バネ秤で質量をはかるには補正が必要です．⇒はかり

朔望月　さくぼうげつ　**synodic month**　［時間］

月が太陽と同じ方向になる朔から次の朔までの時間をいいます．朔は陰暦の第1日のことで，「ついたち」ともいいます．ついたちは「月立ち」に由来します.

三角関数　さんかくかんすう　**trigonometric function**　［角・角度］

$OP=1$，$\angle POX=\theta$である点Pの座標を$(\sin\theta, \cos\theta)$と表すとき，$\sin\theta$を正弦（sine），$\cos\theta$を余弦（cosine）といいます．また，$\frac{\sin\theta}{\cos\theta}=\tan\theta$を正接（tangent）といいます．これらは$\theta$の関数ですが，その名称が三角比*に由来するところから三角関数といいます.

また，Pが円を描くところから，円関数と呼ぶこともあります.

三角関数の微分　さんかくかんすうのびぶん　**differentiation of trigonometric function**　［角・角度］

$$\mathbf{e}(\theta) = \begin{pmatrix} \cos\theta \\ \sin\theta \end{pmatrix} = \overrightarrow{OP}$$

$$\mathbf{e}(\theta + \Delta\theta) = \begin{pmatrix} \cos(\theta + \Delta\theta) \\ \sin(\theta + \Delta\theta) \end{pmatrix} = \overrightarrow{OQ}$$

とすると,

$$\Delta\mathbf{e} = \overrightarrow{PQ} = \begin{pmatrix} \cos(\theta + \Delta\theta) - \cos\theta \\ \sin(\theta + \Delta\theta) - \sin\theta \end{pmatrix}$$

となります.

単位円において, 単位角に対する弧の長さを a とすると,

$$\frac{\Delta\mathbf{e}}{\Delta\theta} = \frac{\overrightarrow{PQ}}{\Delta\theta} = \frac{a\overrightarrow{PQ}}{a\Delta\theta} = \frac{a\overrightarrow{PQ}}{\overset{\frown}{PQ}}$$

$$= \frac{PQ}{\overset{\frown}{PQ}} \cdot \frac{a\overrightarrow{PQ}}{PQ}$$

となります.

$\dfrac{\overrightarrow{PQ}}{PQ}$ は単位ベクトルですから, $\Delta\theta \to 0$ のとき, $\dfrac{\overrightarrow{PQ}}{PQ}$ は接線方向の単位ベクトルとなります. したがって,

$$\frac{d}{d\theta}\begin{pmatrix} \cos\theta \\ \sin\theta \end{pmatrix} = a\begin{pmatrix} -\sin\theta \\ \cos\theta \end{pmatrix}$$

$(\cos\theta)' = -a\sin\theta$

$(\sin\theta)' = a\cos\theta$

となります.

$a = 1$ のときは,

$(\cos\theta)' = -\sin\theta$

$(\sin\theta)' = \cos\theta$

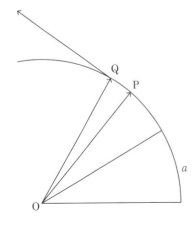

となります．

三角比　さんかくひ　**trigonometric ratio**　［角・角度］

∠C を直角とする三角形 ABC において，ひとつの鋭角∠A の大きさに注目して θ と表しましょう．このとき，BC は対辺となります．AC は底辺と名づけましょう．AB は斜辺と呼ばれます．

　θ の値が定まると，どの2辺の比も値が定まります．これらの比を，

$$\frac{対辺}{斜辺} = 正弦（\text{sine}）$$

$$\frac{底辺}{斜辺} = 余弦（\text{cosine}）$$

$$\frac{対辺}{底辺} = 正接（\text{tangent}）$$

$$\frac{底辺}{対辺} = 余接（\text{cotangent}）$$

$$\frac{斜辺}{底辺} = 正割（\text{secant}）$$

$$\frac{斜辺}{対辺} = 余割（\text{cosecant}）$$

と名づけます．

　また，これらの値が θ の関数であることを示すために，

$$\frac{a}{c} = \sin\theta, \quad \frac{b}{c} = \cos\theta, \quad \frac{a}{b} = \tan\theta$$

$$\frac{c}{a} = \text{cosec}\,\theta, \quad \frac{c}{b} = \sec\theta, \quad \frac{b}{a} = \cot\theta$$

と表します．

三角比の由来　さんかくひのゆらい　［角・角度］

　ニカイアのヒッパルコス（前160頃-125頃）が『弦の表』を著したことはよく知られています．J. トゥーマー（Jean Toomer, 1894-1967）によると，7.5°の弦は450，15°の弦は897となっていたといいます．

　三角関数表ではsin7.5°=0.1305ですから，弦は0.261です．したがって，半径は897÷0.261=3436.78となります．これから計算すると，円周の長さは21593.986となります．360×60=21600ですから，円周の長さを21600としてこの表を作ったことがわかりました．これから考えると，ヒッパルコスの円周率も，プトレマイオスと同じ3°8′30″=3.141666のようです．

　ところで，インドのアールヤバタ（476-?）が著した『アールヤバティーヤ』では，半弧225に対する半弦225，半弧450に対する半弦449，……，半弧5400に対する半弦3438となっています．やはり円周は21600で，半径は3438となっています．

　ヒッパルコスの表が，プトレマイオスの『アルマゲスト』に引用され，それがインドに伝わったと見ることができます．

　ところが，アールヤバタの表は，弦の表ではなく半弦の表になっています．半弦は，サンスクリット語でジヴァ・アルドハといいます．ジヴァが弦，アルドハが半分という意味です．

　このジヴァ・アルドハは，アラビアに伝わって，ジバと呼ばれていました．ところが，いつの間にか同じ子音をもつジャイブと混同され，ジャイブと同

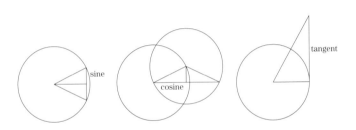

じ意味のラテン語 sinus と訳されました．それが英語の sine になったのです．ギリシアからアラビアを通ってインドにいき，そこで大変身を遂げて，再びアラビアを通ってヨーロッパに戻ってきたのでした．

ところで，コサインは「余角（complementary angle）のサイン」です．また，タンジェントは，接線という意味です．

三正方形の定理　さんせいほうけいのていり　three squares theorem　［面積］

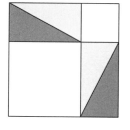 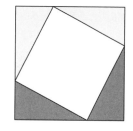

図のように，合同な正方形から，4つの合同な直角三角形を取り除くと，残りの面積は等しくなります．そこで，直角三角形の2辺をそれぞれの1辺とする2つの正方形の面積の和は，斜辺を1辺とする正方形の面積と等しくなります．この定理は，長さは関係なく，3つの正方形の面積の間に成り立つ関係を示すだけですから，本書では「三正方形の定理」と呼ぶことにしました．

「三平方の定理」*は，直角三角形の3辺の長さの平方の間に成り立つ関係を表す定理ですから，本書では三正方形の定理とは区別しました．

なお，英語では，正方形も平方も区別なく square といいます．

三平方の定理　さんへいほうのていり　Pythagorean theorem　［面積］

直角三角形の直角の2辺の長さを a，b，斜辺の長さを c とすると，三正方形の定理*から，

$$a^2+b^2=c^2$$

が導かれます．これは，直角三角形の3辺の長さの平方の間の成り立つ関係を表す定理ですから，三平方の定理といいます．名づけ親は，東大教授末

綱恕一（つなじょいち）です．戦時中，外国語排斥の風潮があり，座談の中で末綱が三平方の定理と言ったのが始まりで，日本独自の呼び名です．世界では，この定理をピュタゴラスの定理*と呼んでいます．

g　ジー　［加速度］

ロケット発射時のように，大きな加速度を表す時の加速度の単位．

$$1g＝9.80665m/s^2$$

です．

cc　シーシー　［体積］

体積の単位で，Cubic centimeter の略です．立方センチメートル*と同じです．ミリリットル（mℓ）ともいいます．

CGS 単位系　シージーエスたんいけい　C.G.S. system of units　［はかる］

長さ，質量，時間の基本単位として，センチメートル（cm），グラム（g），秒（s）を用いた単位系．これに温度が加えられる場合は，セ氏温度が用いられます．⇒MKS 単位系

CD　シーディー　CD　［情報］

コンパクト・ディスク（compact disc）の略．デジタル情報を記録する円盤状の媒体で，容量は 650MiB では約 333,000 セクタ，700MiB では約 360,000 セクタです．1 セクタは 2,352 バイト*を記録します．MiB はメビバイト*（mebibyte）で，2^{20} バイトです．⇒セクタ

シーベルト　sievert　［仕事・エネルギー］

国際単位系（SI）における放射線の生体吸収量（線量当量）の単位．記号は Sv です．この単位は，スウェーデンの物理学者 R. M. シーベルトにちな

99

んでいます．

$1Sv=$（放射線荷重係数）$×1$ グレイ

で求められます．放射線荷重係数は，β 線，γ 線では 1，α 線では 20 とされています．⇒グレイ

シーベルト　Rolf Maximilian Sievert（1896-1966）　［人名］

スウェーデンのストックホルム生まれの物理学者で，人体に与える放射線の影響について生涯をかけて研究．特に放射線の防護に大きな功績を残しました．カロリンスカ研究所で学び，1919年ウプサラ大学に入学，1932年博士号を取得しました．同年ストックホルム大学の准教授になりました．その後私財を投じてラジウム物理実験室を開設し，放射線測定機器の開発，放射線管理と防護などの研究をしました．スウェーデン国立放射線防護研究所の初代所長を務め，1941年にカロリンスカ研究所放射線物理教授に就任しました．シーベルトの知人は「彼は実に器具とか装置を作り出したり，考案することが好きであった．それに取り組んでいると，時間とか場所を忘れていた．彼はこざっぱりした器具を作るのが好きでもあった」と述べています．彼の功績に敬意を表し，被曝線量の単位としてシーベルトが用いられることになりました．

ジーメンス　Ernst Werner von Siemens（1816-1892）　［人名］

ドイツの物理学者，工業家．当時イギリス領であったドイツのハノーヴァー州のレンテで生まれました．四人兄弟の長男．軍人になるつもりで，マグデブルグの砲兵隊に入り，1835年にベルリン砲兵学校に入りました．そこで物理学者のオーム，マグヌス，化学者のエールトマンの指導を受けました．軍人時代，士官の決闘の立会人になったのが発覚

し，5年間，マグデブルク要塞の監房で暮らすことになりました．しかし，ここでいろいろな発明のアイデアを思いつきます．その後 1848 年に，ベルリン，フランクフルト・アム・マイン間に，ドイツ最初の電線架設を行っています．ジーメンス社の設立者で，最初の電車営業運転事業に成功しています．彼はベルリンで活躍したため「ベルリンのジーメンス」，次男のヴィルヘルム（1823-1883）はイギリスに帰化し，鋼鉄の製造法を発明して「ロンドンのジーメンス」，三男のフリードリヒ（1826-1904）はドレスデンでガラス工業を興して「ドレスデンのジーメンス」，四男のカール（1829-1906）はペテルブルグなどで実業家として活動して「ロシアのジーメンス」と呼ばれ，この四人兄弟は近代工業の発展に寄与しました．

シェケル　siqlu　［面積］

古代バビロニアで用いられた面積の単位．大麦 180 粒の体積，および質量を，1 シェケルといいます．漏斗付きの犁に 1 シェケルの大麦を入れて種まきをするとき，撒ききった面積を 1 シェケルの面積といいます．およそ 0.6m² にあたります．

シェケル　siqlu　［体積］

古代バビロニアの体積の単位では，大麦 180 粒の体積を，1 シェケルと呼んでいました．

シェケル　siqlu　［質量］

古代バビロニアで用いられた質量の単位．大麦 180 粒の体積，および質量を 1 シェケルといいます．8.36g です．

『ヘブライ語聖書』（旧約聖書）の「創世記」にもシェケルが登場しますが，エジプトでは，一般が 9.33g，貨幣用が 12.96g，イスラエルでは 7.78g であったようです．

シェケル

シェケル　siqlu　［はかる］

『ヘブライ語聖書』のシェケルは，通貨の単位でもありました．質量 1 シェケルの銀の価格が 1 シェケルです．現在の日本では，金 1g がおよそ 4,000 円，銀 1g がおよそ 70 円で，大きな開きがありますが，当時は，銀価格は金価格の 2 分の 1 だったので，銀 1g は 2,000 円ほどになります．バビロニアでは，1 シェケルはおよそ 14,700 円，エジプトでは 1 シェケルはおよそ 26,000 円にあたります．

時角　じかく　hour angle　［時間］

ある天体が南中してからの時間を，時角といいます．時角は西向きに，0 時から 24 時までの値をとります．

時間　じかん　hour　［時間］⑴

時間の単位の 1 つ．1 平均太陽日の 1/24 を 1 時間とします．⇒平均太陽日

時間　じかん　time　［時間］⑵

長さ，質量などとならぶカテゴリーの 1 つで，時の流れをいいます．時計の針の動きで，時間の存在を知ることができます．時間（hour），分（minute），秒（second）などを単位としてはかられる量です．

また，時刻と時刻との間を時間（time interval）といいます．

時刻　じこく　time　［時間］

時間は切れ目なく流れます．その一瞬を時刻といいます．何かの予定を立てるため，1 年を月に分割し，月を日に分割し，1 日を 24 時間に分割しています．

ところで，日の出の時刻は地方によって異なります．そのため，各国や地

102

じつようたんい

方では，1日の初めの時刻を制定し，その時刻からの時間で時刻を表示しており，標準時や地方時と呼ばれます．電話で117を呼び出すと，時刻を知ることができます．

仕事　しごと　**work**　[仕事・エネルギー]

物体に力を加えて力の方向に移動させるとき，「その物体は仕事を与えられた」と考えます．仕事は，力と距離の積で定義します．

十進法　じっしんほう　[はかる]

10ごとに繰り上がる数の記述法．例えば，十進法で記述された198334は$1\times10^5+9\times10^4+8\times10^3+3\times10^2+3\times10^1+4\times10^0$という意味で，数の最もふつうの表記法です．

人間の左右の手の指が10本あることによります．

実数　じっすう　**real number**　[はかる]

実在する量の測定値*として得られる数のこと．負の数，0，正の数を合わせて，実数といいます．実数の平方（その実数に，同じ実数をかけた積．二乗ともいいます）は，正の数か0です．

実測値　じっそくち　**real measured value**　[はかる]

実際に測定を行って得られた測定値*を，実測値といいます．さまざまの要因によって，誤差が含まれる可能性があります．

実用単位　じつようたんい　**practical unit**　[はかる]

絶対単位とは別に，具体的な測定に便利なように作った単位．例えば馬力，国際温度目盛りなど．CGS電磁単位系では，電気量の大きさが，工業的見地から不具合が生じたので，1908年に実用単位を決めました．⇒絶対単位

103

しつりょう

質量　しつりょう　**mass**　［質量］

　物体に力 f を働かせると，物体は，加速度運動を行います．加速度を a とすると，

$$f=ma,\ a=\frac{1}{m}\cdot f$$

の関係があります．加速度は，加えた力に比例します．m はその物体に固有の比例定数です．

　ところで，同じ力に対して m が 2 倍，3 倍になると，加速度は $\frac{1}{2}$，$\frac{1}{3}$ 倍になります．m は，いわば動きにくさを示す量です．このような m を慣性質量といいます．

　自由落下運動では，f は重力の大きさですから，物質の量を m' と表すと，重力の大きさ f は，m' に比例します．

$$f=km',\ m'=\frac{1}{k}f$$

となり，m' は重力の大きさに比例します．重力の大きさによって決まる物質の量 m' を，重力質量といいます．

　$km'=ma$ が成り立ちますから，慣性質量 m と重力質量 m' は比例します．これは，ガリレオの落体の実験から導かれた結論です．

　ところで，アインシュタイン[*]は，相対論によって m と m' とが同じものであることを示しました．この m を質量といいます．

尺　しゃく　［長さ］

　尺貫法[*]の長さの単位．中国から渡来しました．近世には，曲尺，鯨尺，呉服尺，享保尺などがありました．日本では 1921 年のメートル法[*]採用によって，1 尺＝10/33m（30.3cm）と定められました．これは曲尺と一致します．⇒曲尺(1)，日本の尺

しゅうひ

勺　しゃく　[体積]

尺貫法*の体積の単位．1合*の10分の1にあたります．

尺貫法　しゃっかんほう　[はかる]

　日本古来の単位系の1つ．この法の名称は長さの単位に尺*，質量の単位に貫*を基本の単位とすることによります．度量衡*のルーツは中国ですが「貫」は日本独自の単位です．中国の単位系は貫ではなく「斤」を用い，尺斤法といいます．したがって尺貫法という名称は日本独自のものです．「貫」は武士の知行高を表す語でもあり，一貫は十石でした．そこから，貫禄という語も生まれました．

　身分制を中心とする封建時代には，政治に関与できるのは武士階級だけでした．明治政府になって，「公論」の証しのひとつとして，建白書の提出を奨励しました．近年，その整理作業が進み，活字化されて『明治建白書集成』（牧原憲夫編，筑摩書房）に納められたのはおよそ3,000通．その中には農民，商工業者からの建白書が多く，民衆の声がこれまで考えられていた以上に政治に影響を与えたことがわかります．その建白書のひとつに「尺度の議」があります．長野の一農民市川又三*が提出したものです．

　この建白書を受けて，1891（明治24）年に度量衡法が制定されました．内容は大きく二つに分けられ，「①尺貫法とともにメートル法も公認．「尺」と「貫」を基本とする．②営業に使用する計量器を検定制とし，製造事業者・販売事業者は免許制とする」というものでした．

週　しゅう　week　[時間]

月曜から日曜までの7日を，週といいます．1週間ともいいます．

『周髀』　しゅうひ　[書名]

前100年頃に書かれた中国の書物．周は国名，髀は日時計です．高さ8

105

尺の日時計を表します．周公と商高の会話で始まります．ここでは，大地は正方形で，天は日よけ笠のように球形とされています．大地は平らであると考えられていたようです．すでに，三平方の定理が知られていたことがわかります．次に，栄方が陳子に，太陽が1日に進む度数の割合，28の星座の度数を尋ねる話があります．『周髀』は彼らの時代に書かれたと思われます．⇒度（2）

『周髀算経』 しゅうひさんけい ［書名］

周初に書かれた『周髀』に，漢の趙君卿が注を付けた書物です．206-220年代に書かれたと思われます．上下2巻．下巻には，大地が湾曲して，四方の周辺が崩れたように低くなると書かれています．

自由落下運動 じゆうらっかうんどう **free fall motion** ［加速度］

手放した物体の時刻 t における速さを v とすると，

$v = gt$ （g は比例定数）

の関係があります．そこで，時刻 t のときの落下距離 s は，

$$s = \frac{1}{2}gt \cdot t = \frac{1}{2}gt^2$$

の関係があります．

$t = 1s$ のとき，$s = 4.9m$ ですから，

$g = 9.8 m/s^2$

となります．これを，地球の重力の加速度といいます．⇒g（ジー）

ジュール **joule** ［仕事・エネルギー］

メートル法 MKS 単位系*の仕事，熱量の単位．物体を，1 ニュートン*の力で，その方向に1メートル移動させる仕事を1ジュールといいます．記

号は J.

   $1J = 10^7 erg$

です．イギリスの物理学者 J. P. ジュールに由来します．

ジュール　James Prescott Joule（1818-1889）　［人名］

　イギリスのマンチェスター近くのサルフォードで生まれた物理学者です．父は醸造業を営んでいました．ジュールは生来ひ弱で，学校に行けず，J. ドルトン（1766-1844）に物理，化学の研究の手ほどきを受けました．15 歳のときから，父の仕事を手伝いながら研究をしました．生涯に自分の名で 97 本，ウィリアム・トムソン（イギリスの化学者．1819-1892．ケルヴィンとは別人物）らとの連名で 20 本の論文を発表しました．電流による発熱量を調べて，ジュールの法則を発見したことは有名です．また 1847 年に，熱の仕事当量を測定しました．しかし，彼の性格が控え目で，健康が優れなかったことなどもあり，彼の研究は当初は公に認められませんでした．最初に彼の研究の意義を認めたのはトムソンでした．1860 年，ジュールは当時科学界最高峰のコプリメダルを受けました．

秄　じょ　［数える］

　吉田光由*著『塵劫記』の大数*の 1 つ．垓*の 1 万倍で，10^{24} です．秭を書き誤った国字ですが，それが定着しました．

升　しょう　［体積］

　尺貫法*の体積の単位．1 合*の 10 倍，1.803856 リットルと定義しています．1 升の量をいれる器を升といいます．升は漢字で，枡は国字．「枡」は「升」に「木」を加えて，「木でできた容器であるます」というのを分か

じょう

り易くした日本製の漢字の国字で，意味の差はありません．

穣 じょう ［数える］

吉田光由*著『塵劫記』にある大数*の1つ．秭*の1万倍，10^{28} です．

丈 じょう ［長さ］

尺貫法*の長さの単位で，10尺です．およそ3mです．

畳 じょう ［面積］

畳1枚の面積を，面積の単位としています．地域によってサイズが異なります．京間・本間は，京都をはじめとする関西方面で使われ，サイズは191cm×95.5cmです．六一間は6尺1寸×3尺5分（185cm×92.5cm）で，岡山，広島，山口など中国地方で使われます．中京間は中京地方と東北，北陸，沖縄の一部で使われ，サイズは182cm×91cmです．江戸間は東京，関東地方で使われ，サイズは176cm×88cmです．団地間は公団マンションや団地で使われ，170cm×85cmです．

歴史的に関西では，畳のサイズをもとに柱を設置し，大きさを決めていく畳割という設計方法で家を建てました．しかし，江戸時代になると，関東では，柱と柱の間の長さに畳のサイズを合わせる柱割という設計方法で，家を建ててから畳を入れました．

古くから建物が多い関西では京間が使われる一方で，関東，東北では新し

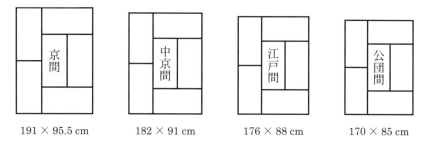

191 × 95.5 cm   182 × 91 cm   176 × 88 cm   170 × 85 cm

い建物が多く，江戸時代に普及した，少し小さめの江戸間が主流になっていきました．

定規　じょうぎ　ruler　[長さ]

　直線や角，平行線，曲線などを描くためにあてがう道具です．直線定規，三角定規，Ｔ字定規，雲形定規*，自在定規などがあります．直線定規には，長さの目盛が刻まれているのが一般的です．このような定規を，物差しといいます．

Ｔ字定規

　規矩準縄という言葉があります．坪内逍遥の『小説神髄』に「あながち法則にのみ拘泥して，彼の工が規矩準縄もてものするごとく強いて意を枉げ筆を矯めて脚色を結

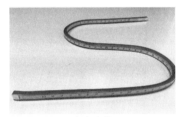

自在定規

構なさまくせば，……（あながち法則にのみ固執して，大工が規矩準縄によって物事をはかる（規定する）ように，しいて述べる事がらの意味を曲げ，表現を誇張して脚色をほどこそうとすると……）」とあります．「彼の工が規矩準縄もてものするごとく」とあるように，この文では，大工道具の規矩準縄，すなわち，本来の意味で用いられています．「「規」は，円を描くのに用いるコンパス，「矩」は方形を描くさしがね（直角に曲がった物差し），「準」は水平を測るための水盛のことで水準器，「縄」は直線を引くための墨縄です．ここから，この熟語は「物事や行為の基準になるもののこと」，すなわち「手本，きまり」の意味で用いられるようになりました．⇒物差し

焦点　しょうてん　focus　[光]

　レンズ，球面鏡などで光軸に平行な入射光線が集中する点をいいます．楕円，双曲線，放物線を定点と定直線からの比が一定になる点の軌跡として定

しょうど

義するとき，この定点を焦点といいます．

太陽の光を凸レンズで集めると，この点で紙が焦げることから焦点と呼ばれるようになりました．明治のころは焼点と書いていました．幕末に大庭雪斎（1805-1873）という蘭学者が訳した『民間格知問答』（1862-65）という物理学の啓蒙書があります．「格知学」というのは物理学の意味です．その巻六に「焼点」という語が出てきて，説明に「光線が聚り来る所の硝子の一点なり」とあります．

V. J. カッツの『数学の歴史』原文に 3.5.2 Foci とあり，The term "foci" was first used by Johannes Kepler in 1604. と記されています．focus はラテン語の「炉（の焼く点）」から来ていて，foci はその複数形です．

照度　しょうど　**illumination intensity**　［光］

光に照らされた面上の単位面積あたりの光束（単位時間あたりの光量）を，照度といいます．単位はルクスです．⇒ルクス

照度計　しょうどけい　**illuminance meter**　［光］

照度をはかる装置です．現在ではもっぱら光電池，光電管，光電子増倍管などの受光素子を用いる光電式照度計が使われます．

情報　じょうほう　**information**　［情報］

事物に関する知識を，情報といいます．英語の information はラテン語の form（形）に由来します．情報は文字や音声，静止画像や動画などの媒体によって人に伝えられます．DNA などは自然的存在で人手を通さないので，データと呼び情報と区別する場合もありますが，それによって昆虫になったり，猿になったり，人になったり，生体が形成されるという意味では，「遺伝情報」が含まれていると見てよいでしょう．

じょすうし

情報量　じょうほうりょう　**amount of information**　［情報］

　情報の多い・少ないの度合を数値化したものを，情報量といいます．

条里制　じょうりせい　［面積］

　日本古代の耕地区画法です．おおむね郡ごとに，耕地を6町（約650m）間隔で縦横に区切り，6町間隔の横の列を条，6町間隔の縦の列を里と呼び，1条1里をさらに1町間隔で縦横に区切って36等分し，その1町平方の1区画を坪と呼んでいました．

　最近の研究では，条里制という呼び名は奈良時代中期の天平15（743）年頃始まったとされています．区割りそのものは，「大宝律令」（710年）によって始まったと思われます．

燭　しょく　**candle**　［光］

　光度の単位です．キャンドルと同じです．日本では，電気事業法で，イギリスのキャンドルを燭として用いていました．⇒キャンドル

助数詞　じょすうし　［数える］

　ものを数えるとき，3つのりんご，5冊のノート，1本の鉛筆，箪笥1棹などと表します．この「つ」，「冊」，「本」，「棹」などのように，数を表す言葉を，助数詞といいます．基数詞ということもあります．英語にはありませんが，日本語は数えるものに対してさまざまな助数詞があります．3は数詞で，数を表す語です．助数詞はそれに付けて使われます．

　同じものでも，いろいろな助数詞が用いられていることがあります．例えば人の場合，「5人の参加者」，「3名の受賞者」などともいいます．

　助数詞には，歴史や，慣習が反映していています．箪笥の場合は，棹につるして運んだために，1棹，2棹と「棹」で呼ばれます．荷物の場合は，小型で持ち運びの容易なものは1個，2個と「個」ですが，肩で担いだ荷物や

111

しろ

車に積んだ荷物は「荷」，馬に積んだ場合は「駄」，行李は，「梱」と数えます．旗や幟のように風になびくものは「流れ」で数えます．面白いことに，端午の節句には，矢車を付けた棹に鯉のぼりと吹き流しを吊るしますが，鯉のぼりは「匹」か「本」で数えるのに対して，吹き流しは「流れ」で数えます．⇒付録「いろいろな助数詞」

代　しろ　［面積］

　古代日本の面積の単位．1束の稲の収穫される広さです．高麗尺の6尺四方を1歩とし，5歩を代と呼んでいましたが，「大宝律令」（710）で，1段を50代としました．代は7.2歩となります．当時詠まれた「然あらぬ　五百代小田を　刈り乱り　田蘆に居れば　京師し　念ほゆ」（大伴坂上郎女）に見られる五百代は10段つまり1町でおよそ116.64aです．したがって，1代はおよそ23.33m^{2}です．

人キロ　じん―　passenger kilometer　［はかる］

　旅客の総輸送量を表す単位．旅客の数にその輸送距離を乗じたもので．旅客キロともいいます．例えば，修学旅行で400人の生徒が500km旅行すれば，400×500＝20万人キロです．

真数　しんすう　anti-logarithm　［数える］

　例えば，$2^3＝8$において，8を，真数といいます．一般に，$a^x＝y$であるとき，yを真数といいます．⇒対数

真太陽　しんたいよう　true sun　［時間］

　仮想の平均太陽*に対しての実の太陽のこと．

すいぎんあつりょくけい

真太陽時　しんたいようじ　**true solar time**　［時間］

　天球上の太陽の位置を，真南からの時角で表したものに 12 時間を加えた時刻です．⇒時角

真太陽日　しんたいようじつ　**apparent solar day**　［時間］

　1 真太陽日は実際の太陽が南中してから次に南中するまでの時間間隔（time interval）です．

震度　しんど　**seismic intensity**　［仕事・エネルギー］

　地震の強さを表す数値です．地震動の最初の最大加速度を a，重力の加速度を g とすると，a/g を震度といいます．ニュースなどで報道されるのは，震度でなく震度階級です．⇒震度階級

震度階級　しんどかいきゅう　**seismic intensity class**　［はかる・エネルギー］

　各地点の地震動の大きさを，10 階級に分けて表したものです．震度階級は，計測震度*によって定義されます．気象庁が震度の階級を定めています．国立天文台編『理科年表』（2017 年）に，1996 年の表があります．

震度階級	計測震度	震度階級	計測震度
0	0.5 未満	5 弱	4.5 以上 5.0 未満
1	0.5 以上 1.5 未満	5 強	5.0 以上 5.5 未満
2	1.5 以上 2.5 未満	6 弱	5.5 以上 6.0 未満
3	2.5 以上 3.5 未満	6 強	6.0 以上 6.5 未満
4	3.5 以上 4.5 未満	7	6.5 以上

水銀圧力計　すいぎんあつりょくけい　**mercury manometer**　［圧力］

　長さ 1m ほどのガラス管の一端を閉じて水銀を満たし，水銀溜めに立てると，水銀面が下降して真空ができます．これを「トリチェリの真空」といいます．このとき，水銀の圧力は大気圧と釣り合います．水銀柱の高さの変動によって気圧の変動がわかります．このような装置を水銀圧力計といいます．

113

すいぎんちゅうインチ

水銀柱インチ　すいぎんちゅう―　inch of mercury　［圧力］
　ヤード・ポンド法*の圧力の単位．高さ 1 インチの水銀柱が底面に与える圧力で，記号は inHg です．1inHg＝0.0254mHg（水銀柱メートル）となります．

水銀柱センチメートル　すいぎんちゅう―　centimeter of mercury　［圧力］
　圧力の単位で，記号は cmHg です．1cmHg は高さ 1cm の水銀柱が底面に与える圧力です．

水銀柱ミリメートル　すいぎんちゅう―　millimeter of mercury　［圧力］
　圧力の単位．記号は mmHg です．1mmHg は高さ 1mm の水銀柱が底面に与える圧力です．1 気圧は 760mmHg です．計量単位令，別表第六，一二によって，血圧は mmHg ではかられます．血圧 120 などというのは，血圧が 120mmHg であるという意味です．

水銀柱メートル　すいぎんちゅう―　meter of mercury　［圧力］
　圧力の単位．記号は mHg です．1mHg は高さ 1m の水銀柱が底面に与える圧力です．⇒水銀圧力計

スコア　score　［数える］
　score という英語は古期北欧語にルーツがあります．羊飼いが羊の頭数を数えるときに，20 頭ごとに棒切れなどに刻み目をいれるという意味でした．20 というのは，人間の手の指 10 本と足の指 10 本の合計 20 本からきています．十進法というのは，人間の手の指が 10 本あることから生まれました．
　スコアという語は，現在 「得点」という意味で人口に膾炙していますが，辞書には「刻み目」という意味も載っています．音楽の楽譜もスコアと呼びますが，これは音符の刻み目を入れることに由来します．

114

アメリカの初代大統領アブラハム・リンカーンのゲディスバーグでの演説の冒頭は，"Four score and seven years ago,……"ですが，4×20＋7で「87年前」という意味です．

スタディオン stadion ［長さ］

太陽が地平線に顔を出してから地平線を離れるまでの間に人が歩く距離の平均を，1スタディオンと定めました．バビロニアではおよそ184m，エジプトではおよそ179m，ギリシアではおよそ185mと考えられています．野球場のような競技場をスタジアムといいますが，最初の競技場のトラックの長さが1スタディオンであったためだといわれます．

〈太陽が地平線に現れてから地平線を離れるまでの時間Xの求め方〉

太陽の直径 $D=1.392×10^6$ km，地球と太陽の距離 $L=1.496×10^8$ km
太陽が地平線に現れて，地平線を離れる角度を θ とすると，$\tan\theta=D/L$.
θ（ラジアン）が微小では　$\theta \fallingdotseq D/L$.

$2\pi:(24×60)$ 分 $=\theta:X$

$X=(24×60×\theta)/2\pi=(24×60×D/L)/2\pi$
$=(24×60×1.392/1.496×10^{-2})/2\pi$
$\fallingdotseq 2.1$（分）

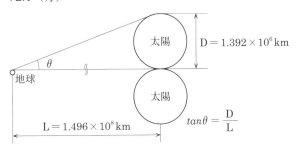

ステヴィン

〈別の解法〉

地球から太陽の直径を見る角度（視直径）は，0.5331°です．それで，求める時間をX分とすると，

X：24×60＝0.5331：360
360×X＝0.5331×24×60
X＝0.5331×24/6＝2.1324

となり，2.1324分です．

ステヴィン　Simon Stevin（1548-1620）　[人名]

ブルッゲ（フランドル．当時ベルギーはオランダの支配下にありました）生まれ．オランダの数学者，物理学者，技術者です．最初は生活のため，商人として生計を立てていました．オランダ軍の経理部長を務めています．複式簿記の発案者でもあります．1582年に利息計算表の著を，1585年にオランダ語で De thiende（『10分の1について』 フランス語訳では La disme となっている）を刊行しています．この2つの著は900ページの合冊本として1885年にフランス語訳で『応用算術』の表題で出版されました．10進小数を提唱しています．3.1416は，3⓪1①4②1③6④と表していました．またステヴィンは，固体，液体の静力学の研究でも功績を残しました．その中で力の平行四辺形*の法則を発見しました．

ステヴィンの法則　―のほうそく　Stevin's Law　[重さ・力]

力の平行四辺形の法則*をいいます．フランドル（現ベルギー）出身のオランダ人数学者シモン・ステヴィン（1548-1620）が発見しました．⇒力の平行四辺形

ストイケイオン

ステラジアン　steradian　［立体角］

立体角*の単位．記号は sr．半径 r の球面上にある面積 r^2 の図形を見込む立体角を，1 ステラジアンといいます．「立体」という意味のギリシア語のステレス（$\sigma\tau\varepsilon\rho\varepsilon\acute{o}\zeta$）に由来します．ステレスはステレオの語源でもあります．半径 r の球の表面積は $4\pi r^2$ です．したがって，全天（空の全体）は 4π ステラジアンになります．

『ストイケイア』　Stoicheia　［書名］

エウクレイデス（ユークリッド）の『原本』のことです．ストイケイアはストイケイオンの複数形です．『ストイケイオン』であった書名が，いつからか『ストイケイア』と呼ばれるようになりました．⇒『ストイケイオン』

『ストイケイオン』　Stoicheion　［書名］

アレキサンドリアにあったプトレマイオス王朝の王立研究所のエウクレイデス*（ユークリッド）の著書です．『原本』と訳されています．

ストイケイオンは，ギリシア語の原語で $\sigma\tau o\iota\chi\varepsilon\iota o\upsilon$（複 $\sigma\tau o\iota\chi\varepsilon\iota\alpha$）．$\iota o\upsilon$ は「行く」で，ストイケイオンは「隊を組んで行く」という意味でしたが，①日時計の指柱　②音節，語節を構成する要素としての字母（アルファベット）③基本的構成要素などの意味があります（『ギリシャ語辞典』大学書林）．③に関しては，ラテン語の字母 20 を 2 列に並べたとき，2 番目の列の最初にくる l，m，n から el-em-en-tum（element）という語が生まれました．ラテン訳では elementum（複 elementa）．②に関しては，ギリシア語の最初の二文字のアルファ（α），ベーター（β）から，英語の 26 字をアルファベット（alphabet）と呼ぶようになりました．

全部で 13 巻あり，1 巻から 6 巻までが平面幾何です．7 巻から 9 巻までは，整数論です．第 10 巻は，無理量です．比が無理数となる量です．11 巻は，立体幾何です．12 巻は，取りつくし法です．13 巻は，正多面体です．

117

ストーン

平面幾何では，面積そのものが扱われていて，測定はありません．図のように，平行四辺形の等積移動が証明されていますが，測定値は出てきません．三角形の等積移動を用いて，三正方形の定理を証明しています．⇒三正方形の定理

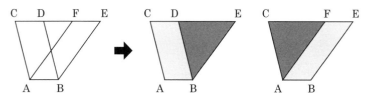

ストーン　stone　［質量］

石という意味で，ヤード・ポンド法*の質量の単位．記号は st．切り出した石の質量をはかるのに用いられていましたが，人の体重にも用いられます．

イギリスの法津上は，

$\quad$ 1st＝14 ポンド＝1/2 クォーター＝6.3502940kg

ですが，慣習によって，ガラスでは 5 ポンドが 1 ストーン，獣肉，魚肉では 8 ポンドが 1 ストーン，チーズは 16 ポンド，干し草は 22 ポンド，羊毛は 24 ポンドが 1 ストーンのように，いろいろな値がとられています．

ストップウォッチ　stopwatch　［時間］

スポーツなどで，スタートからの時間を計測する器具です．この時計はイギリスの時計職人 G. グラハム（George Graham, 1673-1751）が，1720 年頃発明しました．設計上 1/16 秒単位で計測できるもので，グラハムは今でもク

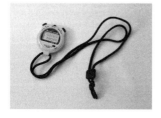

ロノグラフ（ストップウォッチの機能の付いた腕時計）の父として知られています．

砂時計　すなどけい　**sandglass, hourglass**　［時間］

　起源はエジプト，ギリシア，中国といわれていますが，ルーツは定かではありません．航海用の時計として使用されたといわれていますが，確固たる証拠はありません．中国語では「沙漏」，「沙鐘」と表記されています．

　時計を英語で clock といいますが，原義は「鈴」という意味の clacca（ラテン語・アイルランド語）に由来します．砂時計は鈴の音は鳴らないので，sandclock とはいいません．

　西洋ではガラスが発明された 17 世から砂時計が製作されました．記録によると，砂は大理石を細かく砕いて粒を揃え，葡萄酒で何回も煮て乾かしたものが良いとされます．古い時代に最初に用いた砂は当然のことながら自然の砂で，ガラスの主成分になる珪砂，普通の砂よりも粒子の揃っている砂鉄などでした．現在は，シリカゲルを細かくした人工砂が用いられています．現在欧米では，ゆで卵をつくるときに，砂時計（egg timer）をよく用います．

寸　すん　［長さ］

　尺貫法の長さの単位．中国の『春秋公羊傳（しゅんじゅうくようでん）』に「一指寬（ゆたか）為寸」と書かれています．指の幅（寬）が 1 寸であったようです．後に度量衡が整備されると，1 尺の 10 分の 1 が 1 寸と定められました．現在は，$\frac{1}{33}$m で，およそ 3cm です．ちなみに，公羊は孔子の高弟「子夏」の門人です．

　鍼灸（しんきゅう）にも寸を使います．尺貫法とは別に，人間の骨を基準として定めた骨度法があります．これも中国がルーツです．簡便法としては，患者の中指を曲げて第二関節のシワの間，または親指の幅を 1 寸とします．中国の医術には漢方と鍼灸があります．中国の南は土地が肥え，薬草が育ちましたが，北はうまくいきませんでした．その代わりに鍼灸が発達しました．「薬石効なく」という言葉の「石」は，鍼（針）のことです．

せ

畝 せ ［面積］

日本の面積単位. 1段の1/10です. 0.991736*a*です.

セ se ［面積］

1シェケル*の1/180が, セと呼ばれていました. およそ33cm^{2}で, 大麦1粒がまかれる広さです. 『歴史の中の単位』(小泉袈裟勝著, 総合科学出版, 1979年) によると, エジプトにもセという面積単位があったようです. およそ6m^{2}であったといいます.

正 せい ［数える］

吉田光由*著『塵劫記』にある大数*の1つ. 澗*の1万倍, 10^{40}です.

井 せい ［面積］

古代中国の面積単位. 1里四方の面積です. これを縦に3等分したものが屋, さらに横に3等分したものが夫です. 周りの8夫は私田, 中央の1夫は公田です. これを, 井田法といいます.

1夫は100畝, 1畝は100歩, 1歩は6尺四方の面積です. 1畝は6丈四方, 1夫は6引四方の面積です. 1井は18引四方です. 1里は18引, 180丈です. 清代も1里は180丈でしたが, 国民党政府になって, 1里を500mとしました. 日本の1里は4kmです.

世紀 せいき century ［時間］

100年を1世紀と呼びます.

正四角錐台の体積   せいしかくすいだいのたいせき   [体積]

下底の 1 辺の長さが a, 上底の 1 辺の長さが b, 高さが h である正四角錐台の体積は, 1 つの正方柱と 4 つの三角柱と, 4 つの四角錐を合わせた 1 つのピラミッドの体積を合わせたものです. そこで,

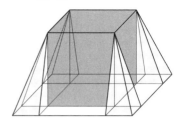

$$b^2 h + 4 \times \frac{1}{4} h(a-b)b + \frac{1}{3}(a-b)^2 h$$
$$= h\left\{ab + \frac{1}{3}(a^2 - 2ab + b^2)\right\}$$
$$= \frac{1}{3}(a^2 + ab + b^2)h$$

となります. リンドのパピルス, モスクワのパピルスに, 具体的な数に対するこの計算が記されています.

整数   せいすう   integer   [はかる]

……, -3, -2, -1, 0, 1, 2, 3, ……のように, 半端 (小数部分) のない数を, 整数といいます. 整数の和, 差, 積は, 整数です.

石   せき   [質量]

古代中国の質量の単位. 『淮南子(えなんじ)』では,「四鈞為一石」(四鈞を一石と為す) とあり, 1 鈞は 30 斤(きん), したがって 1 石は 120 斤となります. これは, 約 31 キログラムです.

セクタ

セクタ sector ［情報］

ディスク状記憶装置の最小単位で，同心円状のトラック*を放射線状に分割したものです．磁気ディスクでは，1セクタ512バイト*，光ディスクでは，1セクタ2048バイトが典型的です．

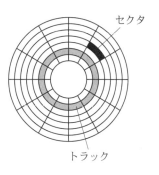

セ氏温度目盛り せしおんどめもり Celsius scale ［はかる］

セ氏（摂氏）は人名で，スウェーデンの物理学者A. セルシウス*（Anders Celsius, 1701-1744）が，1742年に提案した温度目盛りのことです．記号°Cで示します．当初は氷点を100，1気圧下の沸点を0としていました．
⇒カ氏温度目盛り

セタト settat ［面積］

古代エジプトの面積単位．平方ケット（khet）です．1ケットは100キュービット*なので，1セタトは10,000平方キュービットです．およそ2,090m^2，21aです．

絶対温度 ぜったいおんど absolute temperature ［仕事・エネルギー］

ロード・ケルヴィン（ウィリアム・トムソン）が，物質の種類に左右されない温度を定めるため，理想気体の熱膨張を計算して定めた温度のこと．単位はKです．現在は熱力学温度といいます．⇒熱力学温度

絶対単位 ぜったいたんい absolute unit ［はかる］

一般に，物理量の長さ（length），質量（mass）および時間（time）の3つの基本単位*と，この単位だけを基準にとって誘導された単位からなります．⇒実用単位

接頭語　せっとうご　prefix　［はかる］

　キロメートルの「キロ」や，ヘクトパスカルの「ヘクト」のように，単位の倍数を示す言葉です．接頭辞ともいいます．

　なお，ヨタ（10^{24}），キロ（10^{3}），ヘクト（10^{2}）など倍数はギリシア語系，デシ（10^{-1}），センチ（10^{-2}），ミリ（10^{-3}）など小数はラテン語系となっています．

セルシウス　Anders Celsius（1701-1744）　［人名］

　スウェーデンの天文学者，物理学者．天文学者の父の子としてウプサラで生まれました．ウプサラ大学で学び，1716年から1732年まで316回のオーロラ観察をし，その結果をまとめて刊行しました．当時，地球の形状は扁球説と長球説が二分していました．セルシウスはその論争に決着をつけるべく，1736年，子午線弧長の測量のため，フランス王立アカデミーのフランス探検隊とともにスウェーデンのラップランドに行きました．その結果，扁球説が正しいと実証されました．1741年，ウプサラ天文台長になり，翌年にスウェーデン王立アカデミーに投稿した論文で世界最初の実用的温度計を提唱．100分目盛りの温度計で沸点を0度，水の氷点を100度とする温度目盛りを定めました（現在の温度目盛りとは逆になっていました）．これをセ氏（摂氏）温度目盛りといいます．1730年から1744年までウプサラ大学の天文学教授を務めました．

ゼロ　zero　［数える］
　⇒零

全円分度器 ぜんえんぶんどき **circular protractor** ［はかる］

360°まではかることのできる分度器*をいいます．1回転の角の大きさを 400 グラードとし，400 グラードまではかれるようにしたものもあります．社会統計などで円グラフを描くときは，グラードが便利です．⇒グラード

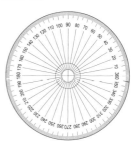

千進法 せんしんほう **thousand scale** ［はかる］

数字を書くとき，3桁ごとにカンマを打って表記することが一般的です．例えば 1234567890 という数は次のように表記します．1,234,567,890．

この数を，日本語として読むのには多少の時間を要します．ところが英語であれば，一瞬で読めます．1 billion 234 million 567 thousand 890．英語では千進法で数をかぞえるからです．つまり，英語圏をはじめとする千進法の言語圏では，3桁ごとにカンマを打って数字を表記するというのは，たいへん合理的です．

センチ **centi-** ［接頭語］

1/100 を表す接頭語です．記号は c で表します．

センチグラム **centigram** ［質量］

質量の単位で，記号は cg．1cg は 1/100 g です．

センチメートル **centimeter** ［長さ］

長さの単位．記号は cm．1cm は 1/100 m です．

センチメートル毎時 ―まいじ **centimeter per hour** ［速さ・速度］

時速 1cm の速さで，記号は cm/h です．

せんりょうとうりょう

センチメートル毎秒 ―まいびょう **centimeter per second** ［速さ・速度］
　秒速 1cm の速さで，記号は cm/s です．

センチメートル毎秒毎秒 ―まいびょうまいびょう **centimeter per second per second** ［加速度］
　1 秒について速度が 1cm/s 加速される加速度．記号は cm/s^2 です．1 ガル（gal）ともいいます．⇒ガル

センチメートル毎分 ―まいふん **centimeter per minute** ［速さ・速度］
　分速 1cm の速さで，記号は cm/min です．

セントゥリア **centuria** ［面積］
　⇒ケントゥリア

線量 せんりょう **radiological dosage** ［仕事・エネルギー］
　主に放射線照射の度合いを表す量です．照射された物質の中で起こった作用の原因となる量として表します．照射線量・吸収線量・線量当量*などがあります．

線量当量 せんりょうとうりょう **dose equivalent** ［仕事・エネルギー］
　吸収した放射線の人体への影響を表す量です．シーベルト*を単位として表します．吸収線量と修正係数（quality factor）の積で表されます．⇒線量

125

騒音計 そうおんけい　sound level meter　[音]

騒音レベルを測定する計器です．騒音（noise pollution）とは，迷惑な音のことで，公害の１つです．ある人にとっては楽しい音楽でも，生活の妨げになれば騒音で，計量的には，80 デシベル*を超える大きな音のことを指します．

相加平均 そうかへいきん　arithmetic mean　[はかる]

算術平均ともいいます．いくつかの数の総和を，加えた数の個数で割ったものをいいます．数が $a_1, a_2, \ldots, a_n$ の場合は，

$$\frac{a_1 + a_2 + \cdots + a_n}{n}$$

です．

（例）5，8，3，4 の相加平均は $(5+8+3+4) \div 4 = 5$

相乗平均 そうじょうへいきん　geometric mean　[はかる]

幾何平均ともいいます．いくつかの数を全て掛け合わせた積の個数乗根をいいます．数が $a_1, a_2, \ldots, a_n$ の場合は，

$$\sqrt[n]{a_1 a_2 \cdots a_n}$$

です．経済学などで，人口増加や経済成長に使います．

ソーン　sone　[音]

感覚上の音の大きさの単位．音の大きさのレベルが 40 フォン*（1 キロヘルツの平面進行波で，音圧レベル 40 デシベルの音）の場合を 1 ソーンとし，正常の聴覚を持つ人が 1 ソーンの n 倍と判定する音を n ソーンとします．ラテン語の「音」を意味するソーナス（sonus）に由来しています．

そくていちのこうり

束　そく　[面積]

　古代朝鮮の面積単位．1 束は 10 把です．およそ 20m² です．日本の代はしろ
およそ 23.33m² ですから，ほぼ近いと言えます．⇒把

束　そく　[体積]

　日本の『令集解』（868 年頃）「田令」にある，体積の単位．稲一抱えか
ら籾もみで 1 斗，米で 5 升が得られたといいますから，籾 1 斗，米 5 升が 1 束
と呼ばれたようです．諸説がありますが，当時の米 5 升は現在の 2〜3 升に
あたります．

測定値　そくていち　measured value　[はかる]

　長さや体積，質量や時間，角度のように，単位を決めて測定することがで
きる物を，量といいます．量の一つ一つの値に，その値が単位のいくつ分で
あるかを示す数が対応します．この数を，その量の値の測定値といいます．

　実際に測定を行うと，さまざまな要因によって，真の測定値との乖離が生
じます．それで，実際の測定値は実測値*と呼び，測定値と区別しています．

測定値の公理　そくていちのこうり　axiom of measured value　[はかる]

　ある量の 1 つの値 A の測定値を M(A)とすると，

　　　（1）M(A)≧0

　　　（2）$A=B$ であれば M(A)＝M(B)

　　　（3）M($A+B$)＝M(A)＋M(B)

　　　　　（$A+B$ は，A と B との重なりのない和で「直和」といいます）
が成り立ちます．これを，測定値の公理といいます．

　量の公理ということもありますが，誤りです．実在の量は法則には従いま
すが，人の決めた公理に従うことはありません．

127

ソス

ソス　sussu　[角・角度]

　古代バビロニア，ギリシアの角の大きさの単位．1回転の角の大きさを360ゲシュとし，ゲシュの上位の単位60ゲシュを，1ソスと呼びます．角度の実用単位*の60度にあたります．

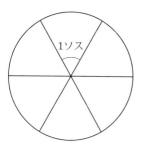

ソッソス　sossusu　[角・角度]

　角の単位ソスのギリシア語です．$\sigma\omega\sigma\sigma o\zeta$と書きます⇒ソス

た行

秅　た　[体積]

古代中国の体積の単位. 稲400束の体積で, 6400斛にあたります. 周代の1斛は100升*で, 1升は0.194リットルですから, 1秅は124.16キロリットルにあたります. 秦から前漢の時代には, 1秅は219.52キロリットルだったと推定されています.

タークヴェルク　tagwerk　[面積]

ドイツの面積単位. タークは「1日」, ヴェルクは「仕事」という意味で, 1タークヴェルクはくびきにつながれた2頭の牛が1日に耕す耕地の面積で, およそ50aです. モルゲン*の2倍で, ユッヒェルトともいいます.

太陰月　たいいんげつ　lunar month　[時間]

朔望月*は, 月が太陽と同じ方向になる朔（ついたち）から次の朔までのひと月で, 29.53日です. しかし, 暦法上では端数は許されないので, 29日の月と30日の月とがありました. これを太陰月といいます.

太陰日　たいいんじつ　lunar day　[時間]

月が天球上の子午線を通過してから次に通過するまでの時間を, 1太陰日といいます. 立ち待ちの月, 居待ちの月, 寝待ちの月というように, 月の出は毎日遅れます. そのために, 太陰日は太陽日より長く, 平均24時間50分28秒あまりです.

129

たいいんねん

太陰年　たいいんねん　lunar year　[時間]

太陰月*を 12 か月繰り返した 1 年. 354 日ほどで, 太陽年*より 11 日あまり短くなっています. そのために, 閏月を挿入して調節する必要があり, 太陰年には 12 か月の年と 13 か月の年とがありました. 挿入される月は, 挿入される時期によって閏 3 月や閏 7 月などと呼ばれました.

大気圏　たいきけん　atmosphere　[はかる]

⇒地球の大気圏

太閤検地　たいこうけんち　[面積]

天正 9（1582）年に開始された検地のこと. 豊臣秀吉が関白をやめて太閤になったのは天正 19（1591）年ですが, その前に行った検地も太閤検地といいます.

対数　たいすう　logarithm　[数える]

例えば $2^3＝8$ において, 掛け合わせる数 2 を比（ロゴス, $\rho o \gamma o \zeta$）といいます. 3 は, 掛け合わせるロゴスの数（$\alpha \rho \iota \theta \mu o \zeta$）ですから, $\rho o \gamma \alpha \rho \iota \theta \mu o \zeta$ といいます. これが, 対数（logarithm）の語源です. このとき, 8 を真数*（anti-logarithm）といいます.

一般に, $y＝a^x$ であるとき, x を, a を底（ベースとなるロゴス）とする y の対数といい, $x＝\log_a y$ と表します. 対数を発明したのは, スコットランドの修道士ジョン・ネイピア*です.

大数　たいすう　[数える]

大きな数のこと. 中国に由来する漢数字では, 以下の数詞で大数を示しています.

一, 十（10^1）, 百（10^2）, 千（10^3）, 万（10^4）, 億（10^8）, 兆（10^{12}）, 京（10^{16}）, …

ところが，もともとは万より大きい数詞の示す値には3種類あり，統一されていませんでした．この3種類を下数，中数，上数と呼んでいます．吉田光由[*]著『塵劫記』でも版によってまちまちです．

当初は万（10^4）を区切りとして十万（10^5），百万（10^6），千万（10^7）と続き，万万（10^8）を億と表していました．しかしこれとは別に，万から1桁増えるごとに億（10^5），兆（10^6）と名付ける方法もとられました．これを下数といいます．『塵劫記』の初版では下数でした．

漢代あたりから，上数が記載され始めました．数詞が表す位の2乗が次の数詞となります．万万が億（10^8）であるのは下数と同じですが，次は億億が兆（10^{16}），兆兆が京（10^{32}）となります．

その後，千万の次を億とし，十億（10^9），百億（10^{10}）と続けていく方法が考案されました．これを中数といいます．ただし，中国の『算法統宗』という数学書に示されている中数は万万（10^8）倍ごとに新たな名称をつける方式で，千億（10^{11}），万億（10^{12}），十万億（10^{13}）と続き，億の万万倍を兆（10^{16}），兆の万万倍を京（10^{24}）とします．これを万万進といいます．後に，万倍ごと，すなわち万万を億，万億を兆（10^{12}）とする万進法に移行しました．『塵劫記』も寛永11年から万進法に統一されました．

太陽年　たいようねん　**solar year**　［時間］

太陽暦の1年です．365日の年と，366日の年があります．366日の年を閏年[*]といいます．正確には，回帰年をさします．⇒回帰年

ダイン　**dyne**　［重さ・力］

CGS単位系[*]の力の単位．質量1gの物体に対して，1cm/s^{2}の加速度を与えるような力の大きさです．記号はdynで，1ニュートンの100,000分の1の大きさです．ダインは「力」を意味するギリシア語（$\delta\acute{v}\nu\alpha\mu\iota\zeta$）に由来します．

たなかだてあいきつ

田中舘愛橘　たなかだてあいきつ　(1856-1952)　[人名]

物理学者．岩手県二戸市生まれ．1870（明治3）年，盛岡藩校修文所に入り，和漢の学問を修めます．1872（明治5）年，東京へ上京．慶応義塾で英語を学びました．工部大学校に興味を持ち案内書を取り寄せましたが，「灯台を造るとか，橋を架ける」ということしか書いておらず，漢学で教わった「修身斉家治平天下（天下を治めるには，まず自分の行いを正しくし，そして家庭を大切にし，それから天下を平和にする）」の道のことが書いてなかったために悩んで開成学校に転じ，1878（明治11）年，東京大学理学部物理学科に入学しました．

そこで物理学は山川健次郎，数学は菊池大麓から学び，アメリカ人のメンデンホール（物理学），イギリス人のユーイング（機械工学）にも学びました．卒業にあたり，国家を治める道を選ぼうと思ったものの，特に親しく尊敬していた同じ東北出身の山川から将来は「天下国家よりも，日本で遅れている理学の方を勉強したほうがよい」とアドバイスを受け，その道にすすむことになりました．

1882（明治15）年，大学を卒業後，直ちに助教授に任命されます．1886年，文部省に命じられ，電気学，磁気学などの研究のためスコットランドのグラスゴー大学に留学．ユーイングの師であるケルヴィン*（ウイリアム・トムソン）に師事しました．1891（明治24）年に帰国後，東京大学教授になり，地球物理学，地震学などの研究を行い理学博士の学位を取得．この年の秋，死者7200人の大惨事となった濃尾大地震があり，現地調査した田中舘は震源地において根屋谷大断層を発見，この惨状に地震研究の必要性を説き，文部省震災予防調査会の設立に尽力しました．のちに東京大学地震研究所の設立にも大きく寄与しました．

1894（明治27）年には万国測地学協会の委員に任命され，外国との共同研究なども行い，1907（明治40）年，万国度量衡会議のアジア代表常設委

員に指名されてパリでの総会に出席．その後9回同会議に出席しました．「日本国においてもメートル法を導入すべきだ」と主張し，1921（大正10）年に帝国議会において度量衡改正法案 (メートル法) が成立することとなりました．

田中舘は留学を含めて，1888（明治21）年以降，精力的に22回の洋行をし，大小あわせて68回も国際会議に出席しています．大変な数であり，当時の国際度量衡中央局長のシャルル・エドゥアール・ギョーム博士を感嘆させ，「地球には，2つの衛星がある．1つは月で，あと1つは田中舘博士だ．彼は毎年決まって東からやってくる」と言わしめたほどでした．田中舘と交流のあった外国の科学者はキューリー夫人，レントゲン，アインシュタインなどがいます．

専門研究のほかに，普及していた米国人宣教師ヘボンによる「ヘボン式ローマ字」に対して，「日本式ローマ字」を発案し「日本ローマ字会」を結成し日本式ローマ字の普及運動も行いました（例えば，「し」「ふ」はヘボン式で「SHI」「FU」，日本式では「SI」「HU」．富士山をMt.Fujiと表記するのはヘボン式．政府などにより日本式ローマ字の使用がすすめられたものの，1945（昭和20）年，日本占領軍司令官D.マッカーサーの命令によりヘボン式が復活し現在もヘボン式が一般的に用いられています）．メートル法の普及活動などにも努めました．また，学術団体のひとつである日本科学史学会 (創立1941年) の創立委員のメンバーのひとりでもあります．当時，世話係で若い研究者であった平田寛（1983年度会長）は，田中舘はあまりにも偉すぎて話ができなかったといいます．

田中舘がこのように専門外の活動などにも積極的に参加したのは，ケルヴィンの教えでもありました．彼は教え子に「専門家は自分の分野だけを研究するのではなく，社会に貢献する活動もしなさい．そうすることによって，幅広い，豊かな人間になると思います」と諭したのです．田中舘はその教えを実行したのです．

ダルトン

ダルトン　dalton　⇒ドルトン

タレス　Thales（前624頃-前546頃）　[人名]

イオニア地方ミレトス生まれの商人で，数学者，天文学者，哲学者です．「万物の根源は水である」と説いたことから，イオニア唯物論の開祖といわれます．ギリシア七賢人のひとりです．ミレトスは現在，トルコ西海岸のバラートという町になっています．

　タレスは，フェルト工場の前を通ったとき，水蒸気の熱気を感じました．それで，太陽は灼熱した水蒸気であると考えました．水蒸気は冷えると雨になって降ってくると考えたのです．その雨は川となって流れ下り，海となり循環します．そこから万物の根源は水と考えました．

　また，エジプトから実用的な数学を学び，体系化してギリシア数学の基礎を築きました．杖の影の長さからピラミッドの高さをはかったのは有名です．また，三角形の合同を利用して，海岸から沖合の船までの距離をはかったといいます．

　彼は無神論者ではありません．前585年5月の日食を予言したとき，神の怒りの表れであると説いて，戦争を止めさせたといいます．またオリーブの豊作を予測し，油絞り器を借り占めて大儲けし，儲けた金は戦災孤児に寄付したそうです．

段（反）　たん　[面積]

　貞観（859-877）の時代に編纂された『令集解（りょうのしゅうげ）』に，「古記にいう．田は長三十歩，広十二歩を段とする．段積は三百六十歩」と書かれています．1歩（ぶ）は1.8mですから，1段はおよそ1166.4m^2 です．

　豊臣秀吉が行った太閤（たいこう）検地*では，6尺3寸を1歩とし，1反を300歩としたようです．もっとも，この基準は天正17（1589）年の美濃の検地から

といいます．『大辞林』では 1 反はおよそ 9.9174a としており，これから逆算すると，このとき，1 歩はおよそ 1.81818m，1 尺はおよそ 0.2886m となります．

単位　たんい　unit　［はかる］

　長さ，面積，体積，質量，時間などは，その大きさを，同種の一定量と比べて，何倍であるかを知ることができます．このとき，比較の基準として選ばれた一定量を，単位といいます．

　長さの単位は 1 メートルの長さ，面積の単位は 1 辺が 10 メートルの正方形の面積で，1 アールといいます．質量の単位は，国際キログラム原器の質量の 1/1000 で，1 グラムといいます．

　また，これらの単位の名称であるメートル，アール，グラムなどを，単に単位ということがあります．

単位系　たんいけい　systems of unit　［はかる］

　さまざまな量を測定する単位の中から少数の基本単位を定め，それらを組み合わせた誘導単位から構成される合理的な体系をいいます．

　基本単位としては，長さ，質量，時間のように，独立な量の単位を選びます．誘導単位としては，基本単位の演算によって導かれる単位が採用されます．その他に補助単位*が用いられることがあります．

　国際単位系（SI），CGS 単位系，MKS 単位系，MKSA 単位系などが知られます．⇒基本単位，誘導単位，国際単位系，CGS 単位系，MKS 単位系，MKSA 単位系

反歩（段歩）　たんぶ　［面積］

　田畑を，反を単位としてはかるときに用いる言葉です．⇒段（反）

135

チェーン

チェーン chain ［長さ］

ヤード・ポンド法*の長さの単位．1チェーンは66フィート，22ヤード*で，20.1168mです．

力の平行四辺形 ちからのへいこうしへんけい parallelogram of forces ［重さ・力］

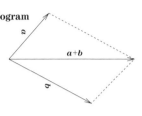

1点に作用する2力の合力が，2力のベクトルの作る平行四辺形の対角線ベクトルで表されるという法則です．シモン・ステヴィン*が発見したので，ステヴィンの法則ともいいます．

地球の大気圏 ちきゅうのたいきけん atmosphere of the earth ［はかる］

いろいろ基準がありますが，一般に地表から約500km以下を大気圏といい，大気の存在する範囲を指します．その外側を宇宙空間（outer space）といいます．赤道では17kmまでを，極では9kmまでを対流圏（troposphere）といいます．その外，50kmまでを成層圏（stratosphere），50kmから90kmまでを中間圏（mesosphere），さらにその外，500kmまでを熱圏（thermosphere）と呼びます（『広辞苑』第6版）．

兆 ちょう ［数える］

吉田光由*著『塵劫記』以来，1億の1万倍を1兆としています．10^{12}になります．古法では，1万の10倍を兆としていました．中国明代の数学書『算法統宗』（さんぽうとうそう）（1592年，程大位（ていだいい）著）では，1億の1億倍，10^{16}にあたります．

町 ちょう ［長さ］

尺貫法*の長さの単位で，360尺です．現在は1,200/11m，およそ109mです．条里制では1町間隔で縦横に区切り，1町四方の土地を坪といいまし

た．神戸市の市街などに，その遺構があります．⇒条里制，坪

町　ちょう　［面積］

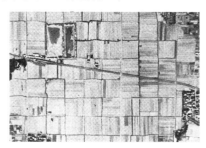

尺貫法*の面積単位．701年に制定された『大宝律令』の「田令第九」では，10段，3,600歩でした．およそ116.64aです．中世以後は3,000歩，99.1735aとされています（『新編　単位の辞典』ラテイス編）．写真は，奈良県高田市に残る古代の町の遺構を示すものです．正方形に近い方が1町で，その中にある細長い長方形が段です．

町歩　ちょうぶ　［面積］
町と同じです．⇒町

調和平均　ちょうわへいきん　harmonic mean　［はかる］

2つの数 a, b に対して，

$$\frac{1}{x} = \frac{\frac{1}{a}+\frac{1}{b}}{2}$$

を満たす x を，a, b の調和平均といいます．

$$x = \frac{2ab}{a+b}$$

となります．

a_1, a_2……，a_n の場合，調和平均は，

$$\frac{n}{\frac{1}{a_1}+\frac{1}{a_2}+\cdots\cdots+\frac{1}{a_n}}$$

となります．

ちょくせつそくてい

直接測定　ちょくせつそくてい　**direct measurement**　［はかる］

　物差し*やメスシリンダーなどの器具を用いて，計算によらずに測定値を得ることを，直接測定といいます．⇒間接測定

直角　ちょっかく　**right angle**　［角・角度］

　1枚の紙を2つに折ると，折り目は直線になります．その折り目をさらに真ん中で折って，最初の折り目同士を重ねるときにできる角を直角といいます．この直角は図形です．

　また，この角の大きさを角度の単位として，1直角といいます．1直角は90度です．

直角三つ組み　ちょっかくみつぐみ　**Pythagorean triple**　［面積］

　直角三角形の3辺の長さとなる3つの整数のことです．通常，ピュタゴラス数，あるいはピュタゴラス三つ組みといいますが，ピュタゴラス*より1,400年も前のバビロニアの粘土板に，この3数が記されているため，本書では直角三つ組みと呼ぶことにしました．

束　つか　［長さ］

　握*と同じで，1束は握りこぶしの横幅，およそ12.5cmです．また，矢の長さをはかる単位でもあり，その場合は，1束はおよそ8cmです．

月　つき　**month**　［時間］

　私たちは太陽を基準とした太陽暦を用いていますが，1年を12に区分した1つを，月といいます．ひと月は，4月，6月，9月，11月は30日，1月，3月，5月，7月，8月，10月，12月は31日です．2月は平年は28日，閏年*は29日です．

　他に，恒星月などがあります．太陰暦では太陰月を用います．⇒恒星月，

138

太陰月

坪　つぼ　［面積］

　条里制*では，1 町*四方の土地を 1 坪と呼んでいました．尺貫法*の面積の単位では，歩と同じです．

　墓地の場合は 4 尺四方，金箔の場合は 1 寸四方が 1 坪です．印刷製版も金箔の場合と同じでしたが，1959 年以後，1cm 平方を 1 坪としています．

DVD　ディーヴイディー　［情報］

　デジタルデータを記録する円盤状の媒体で，デジタル・ヴィデオ・ディスク（digital video disc）とも，デジタル・ヴァーサタイル・ディスク（digital versatile disc）ともいいます．ヴァーサタイルは「多用途の」という意味です．容量には 4.7 ギガバイト*などがあります．ギガ*は 10^9 を表す接頭語です．

dpi　ディーピーアイ　［情報］

　dot per inch の略で，ドット密度の単位記号です．1 インチ*の幅の中にどれだけのドットが含まれるかを表します．⇒ドット

低気圧　ていきあつ　cyclone　［圧力］

　大気内で，周囲より気圧が低いところをいいます．何ヘクトパスカル*以下という基準はありません．

ディジット　digit　［長さ］

　古代バビロニア，古代エジプトなどで用いられた長さの単位．指幅を指します．バビロニアでは 1/30 キュービット*，エジプトでは 1/28 キュービットで，およそ 18.7cm，ギリシアでは 1/40 キュービットでおよそ 1.157

ていせきぶん

cm でした．デジタル*と同じ語源です．

定積分　ていせきぶん　**definite integral**　［面積］

測定値の公理*から，面積は，分割して足し合わせることができます．

閉区間 $[a, b]$ において正の値をとる連続関数 $f(x)$ のグラフと x 軸，および2直線 $x=a, x=b$ の囲む図形の面積 S を求めましょう．

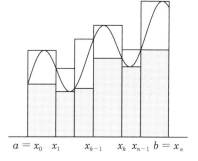

区間 $[a, b]$ を n 個の小区間に分割し，分点を

$$a=x_0, x_1, x_2, \cdots\cdots, x_n=b$$

とします．また，

$$\Delta x_i = x_i - x_{i-1}$$

とし，この区間における $f(x)$ の最小値を $f(\alpha_k)$，最大値を $f(\beta_k)$ とすると，

$$\sum_{k=1}^{n} f(\alpha_k)\Delta x_k < S < \sum_{k=1}^{n} f(\beta_k)\Delta x_k$$

が成り立ちます．

ここで，

$$\sum_{k=1}^{n} f(\alpha_k)\Delta x_k = S_n, \ \sum_{k=1}^{n} f(\beta_k)\Delta x_k = T_n$$

とすると，

$$S_n < S < T_n$$

となります．また，

$$T_n - S_n = \sum_{k=1}^{n} \{f(\beta_k) - f(\alpha_k)\}\Delta x_k$$

となります．$f(x)$ は連続関数ですから，Δx_k を十分小さにすると，どんなに小

さな正の数 ε をとっても，

$$f(\beta_k) - f(\alpha_k) < \frac{\varepsilon}{b-a}$$

とできます．したがって，

$$T_n - S_n < \frac{\varepsilon}{b-a} \sum_{k=1}^{n} \Delta x_k = \varepsilon$$

が成り立ちます．

$\Delta x_k \to 0 \ (k=1, 2, 3, 4, \cdots\cdots n)$ とするとき，

$$|S_n - S| < T_n - S_n < \varepsilon$$

$$|T_n - S| < T_n - S_n < \varepsilon$$

ですから，

$$\lim_{\max \Delta x \to 0} S_n = S, \ \lim_{\max \Delta x \to 0} T_n = S$$

がいえます．

ところで，区間 $[x_{k-1}, x_k]$ 内の任意の x を ξ_k とし，

$$\sum_{k=1}^{n} f(\xi_k) \Delta x_k = U_n$$

とすると，中間値の定理から，

$$f(\alpha_k) \leqq f(\xi_k) \leqq f(\beta_k)$$

したがって，

$$S_n \leqq U_n \leqq T_n$$

$$\lim_{\max \Delta x \to 0} S_n = S, \ \lim_{\max \Delta x \to 0} T_n = S$$

が成り立ちましたから，

$$\lim_{\max \Delta x \to 0} U_n = S$$

が成り立ちます．

一般に，

141

$$\lim_{\max \Delta xi \to 0} \sum_{k=1}^{n} f(\xi_k) \Delta x_i$$

を，$f(x)$ の a から b までの定積分といい，

$$\int_a^b f(x)dx$$

と表します．Σが∫に，Δがdに代わりました．
　$b=a$ のときは，

$$\int_a^b f(x)dx = 0$$

です．
　また，$b < a$ のときは，

$$\int_a^b f(x)dx = -\int_b^a f(x)dx$$

となります．

$$b = x_n, x_{n-1}, x_{n-2}, \cdots\cdots, x_2, x_1, x = a$$

したがって，$\Delta x = x_k - x_{k-1} < 0$ となるためです．そこで，$a\ b$ の大小に関わらず，

$$\int_b^a f(x)dx = -\int_a^b f(x)dx$$

が成り立ちます．

ディバイダー　divider　[長さ]

コンパス*のように2本の針の間隔を調節することができる道具で，長さを移動させたり，曲線の長さをはかったりするのに用います．コンパスもディバイダーの役目を果たします．

デカ　deca-　［接頭語］

メートル法の単位の接頭語で，10倍を意味します．記号は da.

デグリー　degree　［角・角度］

角度の単位．1度*と同じです．記号は deg.

デケンペダ　decempeda　［長さ］

古代ローマの長さの単位で，2パッススです．9.70フィート*にあたります．メートル法の 2.96m です．

デシ　deci-　［接頭語］

メートル法の単位の接頭語で，1/10を意味します．記号は d.

デジタル　digital　［はかる］

ディジット*（digit）は，指を意味します．指を折って数を数えたことから，数字を用いて処理することをデジタルといいます．短針と長針を用いて時刻を示す時計をアナログ時計といいますが，数字で時刻を表示する時計をデジタル時計といいます．⇒アナログ

デシベル　decibel　［音］

1デシベルは1/10ベル*です．記号は dB で，音の強さなどの比を表すのに用いられる単位です．ベルは電話を発明したアメリカの技術者 A. G. ベル（Alexander Graham Bell, 1847-1922）に由来します．1キロヘルツの平面進行音波で，音圧が 0.0002dyn/cm^2 または 10^{-16}W/cm^2 を標準（0dB）にとります．このとき，音圧が IW/cm^2 であれば，$10 \log_{10} I$ デシベルであるとします．

デシメートル

デシメートル　decimeter　［長さ］
　長さの単位．1メートルの10分の1です．記号はdm．

デシリットル　deciliter　［体積］
　体積の単位で，1リットルの10分の1です．記号はdℓ

テスラ　Nikola Tesla（1856-1943）　［人名］
　クロアチアのスミリャン村生まれの電気技師．セルビア正教会司祭の父の子として生まれました．自伝によると，最初の発明は5歳のときで，水車でした．樹の幹を輪切りにした円盤に木の枝を通し，小川の両岸に立てたY字形の枝に載せたものでした．川の流れる力で回る水車はぎこちなかったそうですが，のちに水力を利用
した発電のアイデアにつながるエピソードの1つです．グラーツ大学で電気工学を学び，1880年，大学在学中に交流電磁誘導の原理を発見します．ブダペストの国営電信局に就職し，その後パリ，そしてアメリカに渡り，エジソンに見いだされて，そこで働きます．
　しかし，送電方式をめぐってエジソンと意見が対立します．電力を送る方法には直流方式と交流方式がありますが，エジソンは直流方式を，テスラは交流方式を主張しました．その後テスラは1887年にテスラ電気会社をつくり，新型交流電動機やテスラ変圧器を作りました．
　1899年，コロラド州の標高2,000mにある町コロラドスプリングズで，テスラをマッドサイエンティストならしめた歴史的実験が始まりました．高電圧と高周波に関するもので，実験が行われたワーデンクリフ研究所の中央には，高さ60mのポールがそびえ立ち，先端には不気味な金属球が輝いていました．巨大なコイル，コンデンサ，無数の配線が血管のように張り巡らされました．この実験によりテスラは地球の帯電を確認し，雷放電の観察か

ら地球の定常波を発見したと確信しました．

磁束密度の単位のテスラ（tesla）は，彼の名にちなみます．

鉄鎖　てっさ　［長さ］

鎖をつなげた，距離をはかるための物差し．両端に輪がついており内法（うちのり）が1尺（約30.3cm）の鉄棒を鎖状に60本（10間）つないだもの．伊能忠敬が考案しました．鉄鎖は現存しておらず正確な形はわかっていません．このレプリカ（写真）は，実際の長さ10間で作製しています．欧米で使われたチェーンとは異なります．

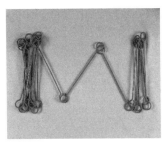

テラ　tera-　［接頭語］

メートル法単位系の接頭語で，10^{12} を意味します．記号は T．

テルミ　thermie　［仕事・エネルギー］

MTS 単位系*の熱量の単位で，1トンの水の温度を1℃高めるのに要する熱量です．4.185×10^6 ジュール*に相当します．記号は th．

電圧計　でんあつけい　voltmeter　［電気・磁気］

電圧を測定する計器．直流と交流によって，原理が異なります．

天秤　てんびん　balance　［質量］

片方の皿に品物を，もう片方の皿に分銅を載せて釣り合わせ，分銅の質量を合計して品物の質量をはかる道具です．重さを等しくして質量をはかっています．地球上のどこでも正確に質量がはか

145

てんもんたんい

れます.

天文単位　てんもんたんい
⇒天文単位距離

天文単位距離　てんもんたんいきょり　**astronomical unit of distance**　［長さ］
　天文学で用いられる長さの単位. 単に天文単位ともいいます. 太陽と地球との平均距離で, 記号は AU です.

$$1AU = 1.495978707 \times 10^{11} m$$

斗　と　［体積］
　斗は枡, 柄杓を意味します. 尺貫法*の体積の単位で, 1斗は1合*の100倍, 18.03856 リットル*と定義されています.

度　ど　**length, graduation**　［長さ］(1)
　班固（32-92）の著した『漢書』律暦誌に,「度は, 分, 寸, 尺, 丈, 引であり, 長短をはかるものである」と書かれています. 度は長さ（length）です. 長さの目盛（graduation）も, 度といいます.

度　ど　**length, graduation**　［長さ］(2)
　漢代の天文書『周髀算経』*に, 周天365度25分とあります. この「度」は太陽が黄道上を1昼夜に移動する距離です. 漢法（中国の方式）では, 1度は100分, 1分は100秒です. ここでは, 太陽が天空を南北に移動する割合を計算するのに全距離 119,000 里を182と8分の5, つまり半年の日数で割っています. そこから, 太陽は等速運動をすると考えていたことがわかります.
　帆足萬里*の『窮理通』（1836年）には,「地球一昼夜に黄道を繞ること

一度」と書かれています．すでにケプラーの法則が知られていました．太陽の運行は等速ではありません．春分から秋分まではおよそ 186 度 42 分で，秋分から春分までは，およそ 178 度 83 分ですから，夏の度は短く，冬の度は長いことがわかります．

実は，『周髀算経』には，八気二十四節があり，黄道を 24 等分して，小寒，大寒，立春などとしています．中国，前漢の高祖の孫で淮南王の劉安（前 179?- 前 122）が編集させた『淮南子』にすでに見られます．当時は太陰暦で，農作業の時期とずれがあり困っていました．それで，太陽暦による農事暦として二十四節気が考えられたと思われます．⇒淮南子

『周髀算経』には，それぞれの時刻の日時計の影の長さが書かれていますから，これらの時刻が等間隔でないことがわかっていたはずですが，なぜか，度は一定とされています．銭宝琮の『中国数学史』でも，『周髀算経』の度は，黄道を等分した平均弧長であるとしています．

東京天文台編の『理科年表』（2017）で，太陽が二十四節気を通過する時刻を見ると，次のようです．

〈太陽が節気を通過する時刻〉

節気	月	日	時	分	節気	月	日	時	分
冬至	12	21	19	30	小暑	7	7	6	51
小寒	1	5	12	56	大暑	7	23	0	15
大寒	1	20	6	24	立秋	8	7	16	40
立春	2	4	0	34	処暑	8	23	7	20
雨水	2	18	20	31	白露	9	7	19	39
啓蟄	3	5	18	33	秋分	9	23	5	2
春分	3	20	19	29	寒露	10	8	11	22
清明	4	4	23	17	霜降	10	23	14	27
穀雨	4	20	6	27	立冬	11	7	14	38
立夏	5	5	16	31	小雪	11	22	12	5
小満	5	21	5	31	大雪	12	7	7	33
芒種	6	5	20	37	冬至	12	22	1	26
夏至	6	21	13	24					

これにもとづいて，各区間の度の数と，1 度の平均の長さとを求めると，

ど

次のようになります（黄道の長さを 360 としています）.

区　　間	度の数	度の長さ	区　　間	度の数	度の長さ
冬至～小寒	14.7203	1.0190	夏至～小暑	15.7271	0.9538
小寒～大寒	14.7278	1.0185	小暑～大暑	15.7250	0.9539
大寒～立春	14.7569	1.0165	大暑～立秋	15.6840	0.9564
立春～雨水	14.8313	1.0114	立秋～処暑	15.6111	0.9609
雨水～啓蟄	14.9181	1.0055	処暑～白露	15.5132	0.9669
啓蟄～春分	15.0389	0.9974	白露～秋分	15.3910	0.9746
春分～清明	15.1583	0.9896	秋分～寒露	15.2639	0.9827
清明～穀雨	15.2986	0.9805	寒露～霜降	15.1285	0.9915
穀雨～立夏	15.4194	0.9728	霜降～立冬	15.0076	0.9995
立夏～小満	15.5417	0.9651	立冬～小雪	14.8938	1.0071
小満～芒種	15.6292	0,9597	小雪～大雪	14.8111	1.0128
芒種～夏至	15.6993	0.9555	大雪～冬至	14.7465	1.0172

　1月は公転速度が速く，7月は公転速度が遅いために，冬の度は長く夏の度は短いのです.

　地球は太陽を焦点とする楕円軌道を描きますが，近日点は1月，遠日点は7月です. 面積速度*は一定ですから，1月頃の度は長く，7月頃の度は短くなっています. 太陽を原点とする惑星の極座標を (r, θ) とすると，軌道の楕円の方程式は，

$$r=\frac{L}{1+e\cos\theta} \quad （e は離心率，L は通径）$$

で，地球の軌道の離心率は 0.0167 です.

　面積速度 $\frac{1}{2}r^2\frac{d\theta}{dt}$ は一定なので，dt を1昼夜とすれば，$d\theta$ は1度です. 度は $(1+0.0167\cos\theta)^2$ に比例します.

　718年に『開元占経』が出版され，古代バビロニアの角の概念が紹介されますが，中国の天文家は，周天を365度25分とする弧長の概念を変えていませんでした. 現在は，国際単位系を採用しています.

度　ど　degree　[角・角度]

角度の単位．1回転の角度の1/360が1度です．記号は°．実用単位*といいます．古代中国では太陽が1昼夜に進む距離（円弧の長さ）を度といいました．中国にも日本にも角度という概念は存在しませんでした．⇒角度

度　ど　degree　[はかる]

温度の単位．セ氏温度目盛り*，カ氏温度目盛り*，絶対温度*，列氏温度目盛り*などがあります．

等積　とうせき　isoarea　[面積]

2つの図形を同数の切片に分解し，対応する切片がそれぞれ合同であるとき，この2つの図形は分解合同であるといいます．このとき，この2つの図形の面積は等しくなり，2つの図形は等積であるといいます．測定によらずに等積であることを証明することができます．

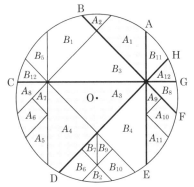

図のように円内の1点で，互いに45°で交わる4本の弦（太線で示す）は円を8つの切片に分けますが，無地の部分と砂目の部分とは，等積であるといえます．$A_1 \equiv B_1$，$A_2 \equiv B_2$などとなるためです（≡は合同の意味）．

また，2つの平面図形の面積の測定値が相等しいとき，この2つの図形は等積であるといいます．

刻　とき　[時間]

日本の昔の時間の単位．水時計の刻みに由来します．刻(こく)ともいいます．いろいろな刻がありました．

とき

＜100刻＞天文，暦法で用いられていました．昼夜を100刻としており，春分，秋分のときは，昼夜それぞれ50刻でしたが，冬至のときは昼40刻，夜60刻で，夏至のときはその逆でした．

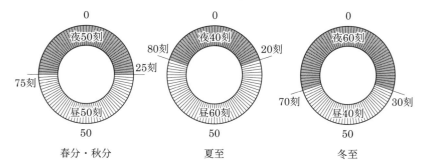

定時法（季節・昼夜に関係なく1日の長さを等分し，時刻を決める法）であったと仮定して24時間を100等分すると，夏至の日の出20刻は，4時48分（実際は4時46分），日の入り80刻は，19時12分（実際は19時15分）．冬至の日の出30刻は7時12分（実際は7時3分），日の入り70刻は16時48分（実際は16時53分）となります．実際と良く合っていますから，この仮定は正しいと思います．

＜48刻＞（飛鳥時代）1日を12時とし，1時を4刻とします．定時法です．

＜36刻＞（飛鳥時代後）1日を12時とし，1時を3刻とします．定時法です．

＜室町以降〜江戸時代＞　日の出を「卯の正刻」，日の入りを「酉の正刻」としていました．これを不定時法といいます．これとは別に，午前0時を「子の正刻」とし，丑の刻，寅の刻と続く定時法もありました（下表）．そこから，子の刻の中央が「正子」，午の刻の中央が「正午」となりました．

　　　子の刻（23時〜 1時）：九つ　　卯の刻（5時〜 7時）：六つ

　　　丑の刻（ 1時〜 3時）：八つ　　辰の刻（7時〜 9時）：五つ

　　　寅の刻（ 3時〜 5時）：七つ　　巳の刻（9時〜11時）：四つ

午の刻（11時〜13時）：九つ　　酉の刻（17時〜19時）：六つ

未の刻（13時〜15時）：八つ　　戌の刻（19時〜21時）：五つ

申の刻（15時〜17時）：七つ　　亥の刻（21時〜23時）：四つ

　江戸時代の落語「時そば」に,「いま何どきだ」「四つです」というのがあります．また，午後に「お八つ」を食べますが，これらは，鐘を打つ回数です（上記）．「延喜式」（967年施行）によると，2時間おきに太鼓をたたいて時刻を知らせていたようで，2代将軍家光が，太鼓の代わりに鐘をつく制度を復活させました．

　明治政府の誕生により，永年の陋習を破り，改暦に取り組むことになりました．政府は1872（明治5）年11月に改暦の詔書を発表．時刻法を従来の一日十二辰刻制から一日二十四時間の定時制に切り換えることを布達しました．この年，新橋－横浜間に蒸気機関車が開通します．この時刻表をよく見ると，東京（新橋）出発は八字，到着の横浜（現在の桜木町）は，八字五十三分とあります．わざわざ「時」を「字」にした理由は，旧暦の「時」と混乱しないように配慮したものです．乗車券も「切符」ではなく，郵便切手に馴染んでいることから「切手」とされていました．

時計　とけい　clock　［時間］

　時刻を示す器具．砂時計*，水時計*，日時計*，機械時計*などがあります．機械時計には，短針，長針，秒針の回転によって示すアナログ型と，数字によって示すデジタル型があります．

デジタル時計

アナログ時計

ドット　dot　［情報］

　点という意味です．文字や画像を点に分解したときの点の数を表します．解像度を示します．1個の文字を縦横36個の点に分解して表すときは，単

に36ドットであるといいます.

度毎秒　どまいびょう　degree per second　［角速度］
毎秒1°の速さで回転する角速度で，記号は°/sです.

度毎秒毎秒　どまいびょうまいびょう　degree per second per second　［角加速度］
1秒について1°/sだけ加速する角加速度で，記号は°/s²です.

トラック　track　［情報］
レコードの溝です．そこから，CD*（コンパクト・ディスク）のような磁気媒体の円形の帯を意味するようになりました．サウンドトラックのように映画フィルムなどの録音する部分の意もあります.

トリチェリ　torricelli　［圧力］
真空に近い分野で用いられる圧力の単位．イタリアの物理学者E.トリチェリ*に由来します．記号はtorr.

　　　760torr＝1atm

と定義しています．1トリチェリは1水銀柱ミリメートル*（mmHg）にあたります.

トリチェリ　Evangelista Torricelli（1608-1647）　［人名］
イタリアの数学者，物理学者でガリレオ・ガリレイの弟子です．ガリレオの時代は「自然は真空をきらう」と考えられており，吸い上げ筒のポンプは，水を10m以上，上げることができませんでした．しかし，トリチェリは水の代わりに水銀を使用するという，すばらしいアイデアを思いつきました．1mほどのガラス管に水銀を

満たし水銀溜まりの中に立てると，上部に真空ができます．これを「トリチェリの真空」といいます．これによって大気圧が約76cmの水銀柱と釣り合うことがわかりました．そして水銀柱を用いて大気圧の変化を初めて観測しました．つまり，水銀柱の高さが，微妙ですが日々，変化することを発見したのです．そこから水銀気圧計も発明しています．近代気象学の始まりに貢献したひとりです．圧力の単位トリチェリ（torricelli）はトリチェリの名にちなみます．

度量衡　どりょうこう　［はかる］

「度量衡」は，すでに紀元前の中国で用いられた由緒あることばで，それぞれの漢字を「はかる」と読み，長さ（物差し），体積（升），重さ（秤）を意味しています．また「度量衡」の語は測定結果に付ける「単位」も意味します．度量衡は流通・交易などの価値の交換においても，非常に重要な役割を持っています．このことは，秦の始皇帝が天下統一に際して，文字とともに度量衡の制定を図ったことからもうかがえます．

　人間が「はかる」ことを始めたのは1万年前といわれています．我々の祖先が集団生活を営むようになり，動物の狩猟や植物の採取が頻繁に行われるようになるにつれて利得に絡む争いが多くなり，数，量，大きさの約束ごとを正確に決める必要が生じました．また土地の測量が始まったのは，5千年前といわれています．面積の測定は，ヘロドトスの言うように，課税のためです．これも土地の私有制がはじまり，それにより，自分の土地の境界線をはっきりさせる必要があり，そのために，測量技術が生まれたのです．長さの単位についてみると，ほとんどの国で，初めは人間の身体の一部分を基準に定めていました．西洋の「フィート」は，もともと「足の長さ」（foot, feet）であり，日本の「尺」は手の大きさと関係があります．現在，度量衡は国際的に統一され，長さの単位としてメートル（metre, meter）が使われていますが，この由来は「はかる」という意味のラテン語metrum，ギリ

トル

シア語 metoron がもとになっています．

「度量衡」という文字配列からもわかるように，測定数量の中でも「度」つまり「長さ」が最も基本です．体積は長さから換算され，重さは体積を基準にして求められます．

また，「量」の「体積」にしろ「衡」の「重さ」にしろ，測定結果をアナログ方式で表すには，目盛を指示するため直線や円弧（角度）という目に見える長さに置き換えています．

トル　torr　［圧力］

トリチェリの略です．⇒トリチェリ

ドルトン　dalton　［質量］

酸素原子の質量の 1/16 を 1 ドルトンといいます．1.65×10^{-24}g です．イギリスの化学者，物理学者 J. ドルトン*の名に由来します．

ドルトン　John Dalton（1766-1844）　［人名］

イギリスの化学者で物理学者．カンバーランド（Cumberland）の寒村の織物工の子で，小学校を出て 15 歳のときから小学教員，その後 27 歳でマンチェスターのニュー・カレッジの数学と物理学の教師を 6 年間務めました．ドルトンは，外形の名誉を求めず，真理の探究の中に満足を求めたのでした．1801 年に，混合気体についてのドルトンの分圧法則を発表し，1803 年に原子量の概念に到達しました．

彼には色覚障害がありました．26 歳まで気づかなかったといいます．自分の思いがけない実験の失敗は色覚障害が原因ということを発見し，科学者として冷静な態度で自分の色覚障害の研究をし，マンチェスター学会に提出

しました．色覚障害のことを英語で color blind といいますが，現在では彼の名にちなんで daltonism という呼び方が広く使われています．なお，欧米では色覚障害のことをことさら問題にしない風潮になっています．日本でも，学校で色覚障害の検査がなくなり，その方向に進んでいます．

トン　ton　[質量]

　メートル法の質量単位で，記号は t．1 トンは 1,000kg です．トンの語源は，およそ 250 ガロン（1.136kℓ）入りの酒樽を意味する tunne に由来します．もともと 15 世紀後半，質量の単位として用いられるようになり，1422 年にヘンリー5 世がニューカッスル産出の石炭の計量用に決められました．トンにはメートル法のほかに，ヤード・ポンド法*によるものがあり，他に船舶，艦艇などの質量を表わすトンもあります．

　イギリスのものは英トン，あるいはロングトン（long ton），グロストン（gross ton）と呼ばれ，2,240 ポンド（常用ポンド）であり，1016.04704 kg です．アメリカのものは米トン，あるいはショートトン（short ton），ネットトン（net ton）と呼ばれ，2,000 ポンド（常用ポンド）であり，907.18486 kg です．

　艦艇に用いられる排水トン（displacement，船の質量を排水量で表す）は，メートルトンを使います．船舶に用いられる重量トン（deadweight tonnage 船の積載量を示すもので，貨物積載時の総質量から船体の質量を引いたもの）は，英トンを使います（『丸善　単位の事典』2005 年）．

トンキロ　ton kilometer　[はかる]

　貨物の輸送量をはかる単位です．記号は t・km．1 トンの貨物を 1 キロメートル輸送するとき，輸送量は 1 トンキロです．

ナット　nat　［情報］

情報量の基本的単位の1つ．確率 p で起こる事象が起こったとき，増加する情報量は，$\log_e \frac{1}{p}$ ナットであるといいます．$\log_e$ は自然対数です．

ナノ　nano-　［接頭語］

メートル法単位系の接頭語．10億分の1，10^{-9} です．記号は n.

ナノメートル　nanometer　［長さ］

長さの単位．記号は nm．1ナノメートルは，10^{-9} メートルです．

那由他　なゆた　［数える］

大数の1つ．万進法*に統一された『塵劫記』（寛永11年版）では，1阿僧祇*の1万倍で，10^{60} です．

ニヴァルタナ　nivartana　［面積］

『リーラー・ヴァーティー』（12世紀）に登場するインドの面積単位で，20ヴァンシャ*四方といいます．ヴァンシャは竹を意味するそうです．20ヴァンシャは93メートルなので，1ニヴァルタナは，86.5アール*となります．これは，6頭の牛が1日に耕す広さであったといいます．

イギリスでは，2頭の牛が1日に耕す広さを1エーカー*といいますが，1エーカーは40.47アールに換算されていますから，1ニヴァルタナはおよそ2エーカーです．

にほんのしゃく

　釈迦の伝記『ジャータカ』によれば，インドでは前 5 世紀ころから耕地は整然と区画され，ラジャバリという税が課せられていたようです．ラジャは「王」，バリは「税」です．

日　にち　**day**　［時間］

　午前 0 時から次の午前 0 時までを，1 日と呼びます．24 時間です．

ニト　**nit**　［光］

　MKS 単位系*の輝度の単位．記号は nt．1m^2 あたり 1 カンデラ*の光度*を持つ表面の輝度で，カンデラ毎平方メートル（cd/m^2）と同じです．

日本の尺　にほんのしゃく　［長さ］

　日本に唐制が導入され，701（大宝元）年の大宝律令（令）で，測地用の大尺と建築用などの小尺が制定されました．令も唐制も，大尺は小尺の 1.2 倍で同じですが，実際には令大尺が高麗尺，令小尺が唐大尺であるとする説があります．

　しかし，奈良時代（710 年‐）の建造物は唐大尺（天平尺 0.297m）で造られており，奈良時代以降は，日本の大尺も小尺も唐制に一致します．そのため，狩谷棭斎（1775-1835）は令の大尺・小尺の制定に錯誤があったとの説を採りました．また，近年の研究では従来の高麗尺説の論拠がほとんど覆り「高麗尺はなかった」とする説が有力です．

　そのため，新井宏（韓国国立慶尚大学招聘教授）は，奈良時代以前は斑鳩の法隆寺や慶州の皇龍寺などの実測から，高麗尺ではなく 0.268m の尺が使用されていたという古韓尺説を唱えています．

　その後，日本では天平尺（0.297m）がわずかに長くなり，曲尺*（0.303m）になります．中国の唐大尺が清代には 0.320m ほどに伸びたことに比較すると非常に安定していました．しかし安定していたとはいっても，わずかな違

157

いがあり，京都系の竹尺（享保尺）と大坂（大阪）系の鉄尺（又四郎尺）を比較すると竹尺が 0.4%長く，これを平均したのが測量家・伊能忠敬の用いた折衷尺です．折衷尺は，明治に入り，公式の曲尺として採用され，1メートルの 33 分の 10 の長さ（10/33m＝30.3cm）と定められました．現在，単に「尺」と言えば曲尺の尺のことを指します．

ニュートン　newton　［重さ・力］

MKS 単位系[*]，MKSA 単位系[*]の力の単位．記号は N です．イギリスの物理学者・数学者 I. ニュートン[*]に由来します．1N は質量 1kg の物体に対して 1m/s^2 の加速度を生じさせる力の大きさを表します．10^5 ダイン[*]にあたります．

ニュートン　Isaac Newton（1642-1727）　［人名］

イギリスの数学者，自然哲学者．リンコルン州ウールスソープ生まれで，1661 年にケンブリッジ大学に入り，1665 年，バッチェラーオブアーツ（Bachelor of Arts）の学位を得ました．微分積分学の創始者です．運動の方程式，万有引力の法則，光のスペクトル分解の発見者としても知られます．

「りんごが落ちるのを見て万有引力を発見した」という逸話は有名です．彼は，りんごは落ちるのに月は何で落ちてこないのかと考えました．月が全く落ちないなら，月はまっすぐ飛んで行って，やがて視界から消え失せるでしょう．月が何万年も前から地球の周りを回っているのは，月が落下しているためです．ニュートンは，月が毎分 4.9m 落下することを突き止めました（ニュートンは，パリフィートという単位で計算しています）．りんごは 1 秒間に 4.9m 落下しますから，1 分間にはその 3600 倍落下します．つまり，月の落下は，りんごの落下の 3600 分の 1 です．ニュートンは，地球の引

力が月に届くまでに 3600 分の 1 に弱まっているためだと考えました．そうすれば，りんごも月も同じ地球の引力によって落下することになります．月は地球半径の 60 倍の距離にありますから，引力は，地球の重心と物体との距離の 2 乗に反比例することになります．

このようにして，天体の運行は神の力を借りずに，ニュートン力学で説明されることになりました．当時，月は神聖な物質でできているから落ちてこないのだと考えられていました．神学的な世界観が支配的であったのです．ニュートンは神学的世界観を否定し，月もりんごと同じ物質でできていると考えたのでした．そのために，無神論者と非難されることになりました．敬虔なキリスト教徒であったニュートンはたいへん悩まされたようですが，静止していた宇宙を動かしたのは神の一撃であったと考えたようです．ニュートンはウェストミンスター寺院に安らかに眠っています．

ニュートンメートル　newton meter　［仕事・エネルギー］

大きさ 1N の力で物体を 1m 動かす仕事量を 1 ニュートンメートルといいます．記号は N・m です．この値は 1 ジュール（1J）*に相当します．ジュールは物理学者 J.P. ジュール*（James Prescott Joule, 1818-1889）にちなみます．$1J = 107$ エルグ* $= 1N \cdot m = 1kg \cdot m^2/s^2$ です．

熱量の計算単位として，1J の仕事量に相当する熱量を表すのに用いられます．

人時　にんじ　man hour　［仕事・エネルギー］

1 人が 1 時間にする仕事量を，1 人時といいます．力学的仕事ではなく，労働の総量です．

ヌリ　［長さ］

インドの長さの単位．両手を伸ばして立った男性の身長で，プルシャとも

いわれます．4ハスタにあたります．ハスタは腕尺で，ほぼ46.5cmと思われますから，ヌリは46.5cm×4で186cmです．

ネイピア　John Napier（1550-1617）　［人名］

スコットランド出身の修道士．エディンバラ近くのマーチストン・キャッスルで生まれました．13歳でセント・アンドリュース大学に入学．大学中退後，何度も大陸を旅行し見聞を広めたといいます．1614年に『驚くべき対数の規則の記述』を出版し，初めて対数というものを世に問いました．これを知った数学者のヘンリー・

ブリッグスは，対数を利用して複雑な計算の開発に取り組みます．彼はネイピアにエディンバラで2度合い，底を10にする常用対数の表の提案をします．これが受け入れられ，1617年に1000までの常用対数を計算した結果を *Logarithmorum Chilias Prima*（『最初の1000個の対数』）として出版しました．この本により航海術，天文学などの計算が飛躍的に進歩することになりました．

彼の死後，1619年に遺稿『驚くべき対数の規則の構成』が出版され，対数の規則成立過程が明らかになりました．

ネイピアの対数　―たいすう　Napierian logarithm　［はかる］

ネイピアは，線分ST上を，単位時間にbだけ進む点Pが$y=SP=bt$に達したときに，第2の線分UV上を，同じ時間に0, $r-ra, r-ra^2$と進む点Qが，$QV=x=ra^t$に達するものと考えました．

rは線分STおよびUVの長さで，10,000,000としました．

160

ネイピアのたいすう

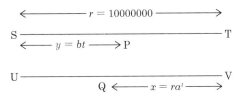

このyをxの対数と名づけたのでした．

最初，P, Qが同じ速さであったとすると，

$b = r(1-a)$

$a=0.9999999$ とすると，$b=1$ となります．

このとき，

$y = t = \log_a \frac{x}{r}$

となります．この値は次のようです．

x/r	y	x/r	y
0.1	23025850	0.6	5108256
0.2	16094378	0.7	3566749
0.3	12039727	0.8	2231435
0.4	9162907	0.9	1053605
0.5	6931471	1.0	0

$\frac{x}{r}$ を横軸にとってネイピアの対数をグラフに表すと，下のようです．

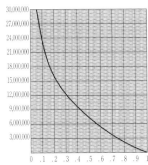

ネイピアの対数は，真数が0から1までです．なぜかといえば，ネイピアは，サイン，コサインの積の計算を簡単にするために対数を考えたからです．

ねつ

　当時は，負数は知られていませんでしたから，底を1より小さな0.9999999とすることによって対数が負数になることを回避したのです．

熱　ねつ　heat　［仕事・エネルギー］

　風邪をひいたりして体温が高いとき，「熱がある」といいます．「加熱する」というのも，物体の温度を上げることです．物体は，分子から構成されています．その分子の持つ運動のエネルギーが多いと，その物体の温度は高くなります．物体の温度を引き上げる運動のエネルギーを，熱といいます．

熱容量　ねつようりょう　heat capacity　［仕事・エネルギー］

　物体の温度を1度だけ上昇させる熱量です．

熱力学温度　ねつりきがくおんど　thermodynamic temperature　［仕事・エネルギー］

　国際単位系の温度目盛りです．それまで絶対温度といわれていた語を1954年に熱力学の研究の成果のひとつとして第10回国際度量衡総会で熱力学温度という語に統一しました．人類は温度計が登場するまでは，人体感覚で温かさを識別していました．焚火に手をかざして暖をとったり，病人の額に手を触れて熱を確かめたり，陶工や鋳物師は，窯や炉内の火炎の色を見て，温度に関わる判断をしてきました．現代風に言えば，熱の伝導，対流，放射（輻射）という物理的現象の変化を，熟練者の経験による感覚で観察してきたのです．

　ところで，風邪をひいて熱を出すと体温が上がるので，それを体温計で確かめます．しかし，熱をはかる道具が温度計かというと，そうとも言い切れないのです．別に熱量計というものが存在するからです．この熱と温度とを正しく区別することは，意外に難しいのです．温度計は英語でthermometerであり，接頭語のthermo-には熱の意味があるので，英語でも両者がごちゃ混ぜになっています．あのニュートン*も温度計を考案しており，凝固点お

162

および沸騰点を基準に尺度を決めていることでは注目されますが，温度計につける数値を「温度」と呼ばず，「熱」の度合いとしていました．今日では「熱力学温度」という物理量が厳密に定義されているので，熱と温度が密接に関係しているのは確かとしても，あらためて熱と温度の違いは何かと問われれば，ちょっと答えに窮してしまうのです．

　熱のエネルギー状態が同じでも，その温度表示がまちまちでは不便です．そこで物質の種類に左右されない統一的な研究が進められ，今日では国際単位系*（SI）で熱力学温度（旧名は絶対温度*〔absolute temperature〕）が推奨されています．

　この熱力学温度の概念形成に多大な貢献をしたのがロード・ケルヴィン*（ウィリアム・トムソン）であり，それを記念して熱力学温度の単位をK（ケルビン*）としました．ただし熱力学温度は，カルノー（N. L. サディ・カルノー，1796-1832）の熱機関をJ. C. マクスウェル*（James Clerk Maxwell, 1831-1879）が研究する過程で絶対温度の旧名のもとに生み出した概念であり，それをR. J. E. クラウジウスやケルヴィンが発展させたものです．

　熱力学温度を分子運動論的にいえば，あらゆる物質は原子や分子で構成されており，これらは絶えず運動しています．その運動は温度によって変化し，高温になるほど活発になります．温度を低下させていくと，ついには原子，分子が完全に停止する状態が想定されます．その時の温度を絶対温度０度と定めます．原子や分子の運動が停止するので，これより低い温度は存在しません．ケルヴィンはこの温度を０K（ゼロケルビン）と定めました．

　ただし，熱力学温度に下限はあっても上限はなく，太陽の中心部の温度はセ氏２千万度という高温で，水素原子同士が激しく衝突し，核融合を起こし，膨大なエネルギーを放出しています．宇宙物理の世界ではセ氏何億度という超高温の議論もなされています．熱力学温度 T と日常生活で用いられるセ氏 t には，$T(\mathrm{K})＝t(℃)＋273.15$ の関係があります．

ねつりょう

熱量　ねつりょう　**heating value**　［仕事・エネルギー］

　物体の持つ熱の量を，熱量といいます．一般に，1気圧の下で，純水1gを14.5℃から15.5℃まで1℃上げるのに必要な熱量を，1カロリー*といいます．

熱量計　ねつりょうけい　**calorimeter**　［仕事・エネルギー］

　熱量を測定する装置で，カロリーメーターといいます．カロリーメーターはA. L. ラヴォアジェ（Antonie Laurent Lavoisier，1743-1794）の命名です．カロリーはラテン語の熱（calor），メーターはギリシア語の尺度（μετρον）に由来します．水を用いる熱量計で，温度変化がt_2-t_1であれば，熱容量W_0のとき，熱量の移動は$W_0(t_2-t_1)$で求められます．

年　ねん　**year**　［時間］

　元日の0時から大晦日の24時までを，1年と呼びます．平年は365日，閏年は366日です．⇒閏年

ノギス　**vernier caliper**　［長さ］

　板の厚さや丸棒の直径，円孔の直径などを測定する金属製の物差しです．副尺を利用して0.02mmまで読み取ることができます．副尺のことをヴァーニアといいますが，フランスの数学者P. ヴァーニア（Pierre Vernier，1580-1637）の名に由来します．⇒副尺

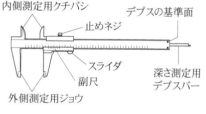

ノット　**knot**　［速さ・速度］

　主に船舶の速度を表す単位．時速1海里*の速さです．綱に結び目（knot）

を作ってはかったため，この名があります．記号は kn あるいは kt で，1kt ＝1852m/h です．

昔はハンドログ（hand log，手用測程儀）という道具で速力をはかっていました。扇形板（chip log）という三角の板を合図とともに海に投げ入れます。ロープ（log line）には一定の間隔（15.4m）で結び目（knot）がついており，砂時計（28 秒）の砂が全部落ちるまでにロープの結び目がいくつ繰り出されたのかを数えます．結び目が 10 なら 10 ノットになります．

1,852m というのは一見，半端な数字のようですが，先に述べたように地球の緯度をもとに決められているので，海図を使用して航海するのに便利なのです．船舶は海図を頼りに航行します．海図には緯度と経度が書いてあります．例えば，船が南から北へ進むとき，速力に時間を乗じれば海図上でどのくらい緯度を進んだのか，見当がつくのです．

時速 1 海里の海里は地球の大きさから求められました．1 海里というのは地球の中心角 1 分に相当する地球表面上の平均距離です．地球子午線の長さは 4 万 km．地球の全周の角度は 360×60=21,600 分．4 万 km÷21,600 ＝1.8519km≒1.852km＝1,852m．

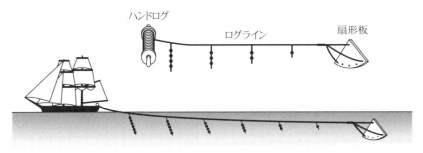

ノット（結び目）を使った距離のはかり方

は行

把　は　［面積］

古代朝鮮の面積単位．1把は10握*で，およそ2m²です．日本の面積の単位である代*の10分の1の広さです．

パーセク　parsec　［長さ］

天文学で使われる距離の単位で，parallax（視差）とsecond（秒）を組み合わせた語です．記号はpc．年周視差（天体から地球軌道の長半径を見込む角）が角度の1秒（second）であるとき，その天体と太陽との距離は1パーセクであるといいます．1pc＝3.0856775814×10¹⁶m（3.259光年）です．⇒百分率

パーセント　percentage　［はかる］

百分率ともいいます．1/100のことで，記号は％です．⇒百分率

パーミル　permil　［はかる］

千分率ともいいます．1/1,000のことで，記号は‰です．鉄道，トンネル・用水路などの勾配などに使われます．例えば，水平方向に1,000m進むと10m上がる（または下がる）坂道の勾配は10‰と表記します．記号の‰は，1,000を図案化したものです．写真中の左に10と表記している勾配

166

標があります．線路わきによく見られる標識ですが，これは 10‰（パーミ
ル）という意味です．10 と書いてある標板（腕木）が上を向いているのは，
手前から登り坂になっているという意味で，水平方向 1,000m で 10m の勾
配がついているということです．

バール　bar　［圧力］

　気象情報で用いられる圧力の単位．記号は bar です．MKSA 単位系*で，
特例として認められているものです．1bar＝10^{5}N/m^2 で，750.06mmHg
（水銀柱ミリメートル*）に相当します．したがって，1 気圧は 1.013350bar
となります．バールは，「重さ」を意味するギリシア語（$\beta\acute{\alpha}\rho o\varsigma$）に由来し
ます．かつて圧力の単位にバリ（barye）があり，それをバールと呼ぶこと
もありました．気象用にはミリバール*（mb）が用いられます．

バーレル　barrel　［体積］（1）

　石油の体積を表す単位で，42 米液量ガロン*，158.987294928 ℓ です．
記号は，blue barrel に由来する bbl．

バーレル　barrel　［体積］（2）

　イギリス，アメリカなどで用いられるヤード・ポンド法*の体積の単位．
記号は bbl です．英語の樽（barrel）に由来します．イギリスでは 36 英液
量ガロン（1.6366hℓ）ですが，アメリカでは液体には 31.5 米液量ガロン（約
1.19240hℓ），果物，野菜などには 105 乾量クォート*（約 1.15626hℓ）
が用いられます．

バーレル　barrel　［質量］

　アメリカで用いられる質量の単位．肉用，魚用は 1 バーレル＝200 ポン
ド*，90.72kg，小麦粉は 1 バーレル＝196 ポンド，88.90kg です．セメン

167

トは 1 バーレル＝375 ポンド，170.10kg です．

π　パイ　［長さ］

　⇒円周率

バイト　byte　［情報］

　情報量の単位です．「ひとつながりのビットの列」という意味で，8 ビットに相当します．ビットは，二進法の 1 桁です．⇒ビット

パイント　pint　［体積］

　ヤード・ポンド法*による体積の単位．記号は pt．液量パイント（liquid pint）と，乾量パイント（dry pint）とがあります．

　液量パイントはイギリスとアメリカで異なっており，イギリスでは 1/2 クォート*または 4 ジル（gill）で 0.56826125ℓ，アメリカでは 1/2 液量クォートまたは 4 ジルで 0.473176473ℓ です．

　乾量パイントは 1/2 乾量クォートで，0.5506104713575ℓ です．

　なお，スコットランドの 1 パイントは 3.0 英パイントに相当し，1.71ℓ にあたります．

はかり　balance　［はかる］

　物の重さや質量をはかる道具です．天秤，棹秤*，おもり式台秤は，重さを比較して質量をはかります．重さは緯度によって変わりますが，測定対象の重さと分銅（おもり）の重さは同じ割合で変動しますので，質量をはかっていることになります．バネ秤，バネ式台秤は，重力の大きさを示しますので，重さをはかっているのです．

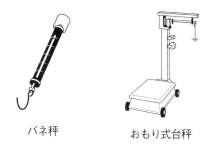

バネ秤　　　　おもり式台秤

　また，重力はどこでも同じではなく，いまも述べたように，緯度によって異なります．地域によって重力差が生じるため，はかりは「計量法」により，16に区分けされた使用区域ごとに調節されています．

〈重力差の例〉

体重50kgの人が各地域で測定を行った場合の数値の一例(重力9.800の福島県を基準とする)

50.020	北海道（檜山振興局，十勝総合振興局，日高振興局，胆振総合振興局，渡島総合振興局支庁管内に限る）
50.000	福島県
49.990	群馬県，千葉県，埼玉県，東京都（八丈支庁管内，小笠支庁管内を除く），福井県，京都府，鳥取県，島根県
49.954	沖縄県

白銀比　はくぎんひ　silver ratio　［はかる］

　$1:\sqrt{2}$ の比．紙の寸法などに使われ，日本では美しい比とされています．

　⇒黄金比

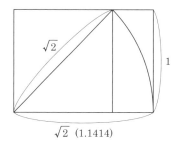

パスカル　pascal　［圧力］

　メートル法MKS単位系の圧力の単位．記号はPa．フランスの数学者で物理学者のB.パスカル*（Blaise Pascal, 1623-1662）に由来します．1平方メートルに1ニュートンの力を作用させたときの圧力で，$1N/m^2$ と表します．$10dyn/cm^2$ と同じです．

パスカル　Blaise Pascal（1623-1662）　[人名]

　フランスの天才的数学者，物理学者，哲学者です．フランス中部のクレルモンで，行政官（徴税）の父の子として生まれます．父はパリに移住し，ロバーヴァル，メルセンスなど当時著名な学者と親交を結び，サロンなどに参加したパスカルは刺激を受けました．10歳にして音響に関する論文を書いています．響いているコップに手を触れ，音が止むのを観察したのが，その動機といわれています．

　12歳のとき，三角形の内角の和が180度であることを発見したといいます．16歳のとき『円錐曲線試論』を書き，17歳のとき「パスカルの定理」を証明しています．液体の圧力に関する「パスカルの原理*」を発見しました．大気圧に関する研究でも知られます．また，確率論の創始者の一人で，その際，組合せを導入しています．組合せの計算のため，「パスカルの三角形」を考えました．宗教的思索書『パンセ』の著者としても知られます．その中に，人口に膾炙している「人間は考える葦である」という言葉が書かれています．

パスカルの原理　Pascal's principle　[圧力]

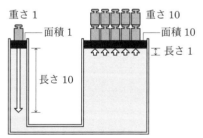

　密閉した容器を満たす液体の1点に加圧すると，すべての点が加圧されるという法則です．

　図のように，面積が1：10であれば，10倍の力が生まれます．油圧器に利用されます．

ハスタ　hasta　[長さ]

　古代インドの長さの単位．腕尺にあたります．およそ46.5cmです．

発電　はつでん　electricity generation　［電気・磁気］

　電気を発生させることを，発電といいます．水力発電，火力発電，風力発電，太陽光発電，地熱発電，原子力発電などがあります．直流と交流がありますが，どちらもボルト*を単位としてはかります．

馬力　ばりき　horse power　［仕事・エネルギー］

　ヤード・ポンド法の仕事率の単位．記号はHP．馬1頭の仕事率に由来します．メートル法の75kgm/sに相当します．日本では，1英馬力＝746ワット，1仏馬力＝735.5ワットと定めています．この語は，J. ワット*（James Watt, 1736-1819）と実業家のM. ボールトン（Matthew Boulton, 1728-1809）が，蒸気機関のエネルギーを売るために考えた語です．当時は鉱山の水汲みを馬に頼っていました．

馬力時　ばりきじ　horse-power hour　［仕事・エネルギー］

　1馬力の工率で1時間にする仕事の単位で，記号は，PShです．1英馬力時＝0.746kWh，1仏馬力時＝0.735kWhです．

班固　はんこ（**33-92**）　［人名］

　後漢初期の歴史家です．『漢書』の著者として知られます．儒学者班彪の子として生まれました．班の家柄は伝統的に儒学を重んじ，学問をもって王朝に仕えてきました．班彪は著述に優れ，史学に強い関心を抱いていたといわれます．司馬遷の『史記』が，武帝の太初年間（前104-101）で終わっており，その後の史書は卑俗なものと感じていた班彪は，『史記』の取り残した事柄，異聞を収集し，『後伝』数十篇を編んだとあります．

　当時，中国では，王朝が変わると，後の王朝の史家が前王朝の『史記』を

ひ

まとめていました．そこで，後漢の班彪が『後伝』を著して『漢書』の続編を書こうとしたのです．しかし，未完のうちに班彪は亡くなり，班固に引き継がれることになりました．班固は博学で文才があり，加えて温和でしかも謙虚で儒家の間で一目置かれる存在でした．父の遺作の『後伝』がなお精密さに欠けることから明帝の永平元（64）年，これを完成させるべく歴史著述に専念することになりました．ところが，数年後，「国史を改竄している」との讒言で投獄されますが，冤罪と分かり，蘭台令史，典校秘書を歴任し，『漢書』を編集します．竇憲に従って匈奴に勝利しますが，竇憲の失脚に連座して獄死しています．未完であった『漢書』は，妹の班昭が完成させました．

『漢書』は「本紀」12 巻，「列伝」70 巻，「表」8 巻，「志」10 巻の全100 巻から成る紀元体の書物です．その中の「律暦志」に西漢の学者劉歆が当時の学者 100 余人を集め，自ら議長をつとめ，まとめた度量衡のことが紹介されています．度，量，衡の三文字は順に，長さ，体積，質量を意味し，同時にはかるための器具である物差し，升，秤も意味しています．

日　ひ　**day**　［時間］
日と同じです．⇒日

微　び　［はかる］
吉田光由*著『塵劫記』にある小数の 1 つ．忽*の 1/10 で，100 万分の 1，10^{-6} です．

B　ビー　［はかる］
黒芯鉛筆の硬度の度合いを示す記号です．1B〜6B が市販されています．
⇒ H

ビット

ppm ピーピーエム ［はかる］

parts per million の略．百万分率のことです．$1/10^6$ です．

ピクセル pixel ［情報］

画素*を意味します．コンピュータで画像を扱うときの，色情報（色調や階調）を持つ最小単位です．ドット*は単なる物理的な点情報であって，ピクセルとは区別されます．例えば 320×240 ピクセルの画像を 100% のサイズで表現すれば，ディスプレイ上に 320×240 ドットで表されますが，200% に拡大すると，ディスプレイ上で 640×480 ドット必要になります．いうまでもなく，これらのドットは元の画像を表していますから，色情報を持ちます．画素は絵素ともいいます．

ピクセルは，「写真の細胞」（picture cell）からの造語といわれています．

ピコ pico- ［接頭語］

メートル法単位系で用いられる接頭語．1 兆分の 1 を表す．記号は p.

比高 ひこう relative height ［長さ］

高原からはかった山の高さのように，接近した 2 地点間の標高差を比高といいます．

ピコグラム picogram ［質量］

質量の単位．記号は pg．1 ピコグラムは 10^{-12} グラムです．

ビット bit ［情報］

情報量の単位．二進法の 1 桁です．英語の binary digit（二進数字）の略です．

ある事柄が起こる確率と起こらない確率がともに 1/2 であったとします．

173

この事象の結果を知って獲得される情報量を，1 ビットと呼びます．

日時計　ひどけい　sundial　［時間］

日時計は，太陽の光が作る影を利用して真太陽時*を計測する装置です．紀元前 3000 年，古代エジプトで使われていましたが，起源はさらにその前の古代バビロニアにさかのぼるようです．中国では，周の時代から，高さ 8 尺の

髀が用いられていたことから周髀といいます．古代ギリシアおよび古代ローマで改良されたものがアラビアに伝えられました．アラビアではこれをノーモン（gnomon）といいます．

私たちは平均太陽時*を用いていますから，日時計を用いる際は真太陽時との差（均時差*）を，均時差表から読み取って，補正する必要があります．

⇒均時差

百　ひゃく　hundred　［数える］

10 の 10 倍です．

百分率　ひゃくぶんりつ　percentage　［はかる］

パーセント*のこと．記号は％．100 を図案化したものです．c̊ から o̊ となり，÷，p÷，％となりました．c は cent の略です．

10％の食塩水をつくるとき，水と塩を入れる割合は，水 90g に塩 10g です．すなわち {10/(90＋10)}×100＝10（％）です．水 100g に塩 10g ではありません．水 100g に塩 10g を入れた食塩水は 10/(100＋10)×100＝9.09（％）になります．

びょう

ピュタゴラス　Pythagoras（前572頃-前492頃）　[人名]

　古代ギリシアの哲学者，数学者．ピュタゴラス派の創始者として知られます．イオニア唯物論の開祖タレスを生んだミレトス（現トルコのバラート）の沖合にあるサモス島の生まれ．諸国を巡ってサモスに戻りますが，ポリュクラテスの僭主政を嫌って，南イタリアのクロトンで哲学的，宗教的教団を作りました．その後，メタポントスに移り，民衆に襲われて死んだといわれます．80歳であったとも，90歳であったともいわれています．

　「万物は数である」と唱え，また，ピュタゴラスの定理*を発見したという伝説がありますが，真相はわかりません．ピュタゴラス派は約200年存続しているので，その後継者の誰かが発見したのかもしれません．

　また，ピュタゴラスは，ピュタゴラス音階を作ったとされています．

ピュタゴラス数　―すう　Pythagorean number　[面積]

　⇒直角三つ組み

ピュタゴラスの定理　―のていり　Pythagorean theorem　[面積]

　直角三角形の直角の2辺の平方の和が，斜辺の平方に等しいという定理です．前6世紀のギリシアの数学者ピュタゴラス*が発見したという伝説にもとづいて「ピュタゴラスの定理」と呼ばれていますが，真実かどうかはわかりません．　⇒三平方の定理

ピュタゴラス三つ組み　―みつぐみ　Pythagorean triple　[面積]

　⇒直角三つ組み

秒　びょう　second minute, second　[角・角度]

　60分法による角の単位で，1秒は1分の1/60です．記号は″です．

175

びょう

秒　びょう　second　[時間]

1時間の 1/60 を 1分，1分の 1/60 を 1秒といいます．記号は s です．1967 年に，「秒は，セシウム 133 原子の基底状態の 2 つの超微細準位（F＝4，M＝0 および F＝3，M＝0）の間の遷移に対応する放射の 9192631770 周期の継続期間」と定められました．これは，「原子秒」と呼ばれています．

標高　ひょうこう　elevation, index　[長さ]

地理学，測量学では，山などの高さは平均海面（東京湾の平均海面である東京湾平均海面〔Tokyo Peil. 略して T. P.，Peil はオランダ語で「水準線」という意味〕）からの高さである標高が用いられることが多いです．海面は波があって固定されていないため，国会前庭洋式庭園内（東京都千代田区の憲政記念館内）に設置された日本水準原点（写真右，標高 24.3900m）を基準点として測量されます．海抜という語は使いません．

明治期に主要河川の河口部に水位をはかるための「量水標」を設けられました．日本で初めて 1872（明治 5）年に利根川河口の「銚子量水標」が設置され，翌年には隅田川河口の霊岸島に霊岸島水位観測所が（写真左），その後は全国の主要河川に設置されました．

平均海面基準の決定の際に基準として霊岸島水位観測所が選ばれ，1873（明治 6）年から 6 年かけて霊岸島水位観測所で満潮位と干潮位が測定され，

霊岸島水位観測所

日本水準原点

その平均値が霊岸島水位標の読み値で 1.1344m であったため，これが東京湾平均海面（T.P.0m）として全国の高さの基準として定められました．（現在では三浦半島油壺の国土地理院検潮場での測定値が東京湾平均海面として用いられています）．

　1891（明治24）年に「日本水準原点」が設置された際に，霊岸島水位観測所から原点までの水準測量が行われ，日本水準原点の標高 24.5000m が基準とされました．現在の 24.3900m と値が異なるのは，関東大震災などで水準原点自体が沈下により変化したためです．

　任意の2地点をとった場合，両地点の標高の差を比高*といいます．各地の平均海面は，東京湾平均海面と等しくないため，標高と海抜は厳密には値が異なります．⇒海抜

標準時　ひょうじゅんじ　the standard time　[時間]

　平均太陽時*は各地点で異なり，経度が1度違うと4分の差ができます．そのために，ある国なり，ある地方なりで統一された時間を用いるように設定された時刻です．

　日本では，明石市を通る東経135度の子午線上の平均太陽時を，標準時としています．

尋　ひろ　[長さ]

　日本古来の長さの単位．一尋は両手を一杯に広げた時の両手の指先の間隔を指します．業界によって5尺（1.515m）ないし6尺（1.818m）に相当します．中国の尋は両肘をひろげた間隔で8尺です．尋の漢字の中の「エ」，「口」はそれぞれ左肘の先，右肘の先という意味です．

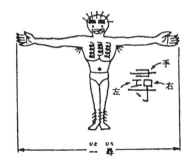

177

ふ

負　ふ　[面積]

古代朝鮮の面積単位. 10 束が 1 負で，およそ 200m² です. ⇒束 [面積]

武　ぶ　[長さ]

一武は，右，左と踏み出す一足で，1 複歩の半分です. ⇒マイル

分　ぶ　[長さ]　(1)

尺貫法*の長さの単位. 1 寸の 10 分の 1 で，およそ 3mm です.

分　ぶ　[長さ]　(2)

班固*（32-92）の著した『漢書』律暦志に登場する長さの単位. 秬黍（現在の高粱のこと）1 個の横幅です. 10 分が寸，10 寸が尺，10 尺が丈，10 丈が引となっています. 漢尺は 0.233m ですから，1 分は 2.33mm にあたります（『文物参攷資料』1957 年，第 3 期所載，矩斎による）.

歩　ぶ　[長さ]

古代中国の長さの単位. 周代・秦代は 6 尺，唐代は 5 尺です.

歩　ぶ　[面積]

長さの 1 歩（6 尺）四方の面積. 旧度量衡法では 400/121 平方メートル（3.306m²）としています.

歩合　ぶあい　percentage, commission　[はかる]

割合を表す方法の 1 つ. 割合を表す数が 0.1 のとき，これを 1 割といいます. 0.03 の場合は 3 分といいます. 例えば 0.25117 は，2 割 5 分 1 厘 1 毛 7 糸といいます. 割合を表す小数，百分率，歩合の関係は下のようになっています.

178

割合を表す小数	1	0.1	0.01	0.001
百分率	100%	10%	1%	0.1%
歩合	10割	1割	1分	1厘

「割」は，もともと「把利・和利」からきており，出挙米の利息分からきており，東大寺文書（1164年）などに見られます．米から麦，豆などにもおよび，中世末には一般に貸借の利率にも使われ，「和利」が用いられるようになりました．一方，分割の意味の「わり」と混同して，近世には「割」の字が主に用いられるようになったといいます．そして，江戸時代のはじめに，中国から小数の考えが導入されることになります．

歩合は日常生活の中でも使われています．野球の打率がよい例です．優れたバッター（打者）は打率が高く，打者が10打数で4安打なら，4÷10で0.400つまり4割で，4割打者です．日本ではまだ4割打者がいません．10打数の内，半分も打たない3割打者でも凄いのです．

490打数160安打なら，160÷490を計算すれば，打率は0.3265306122……となります．これを一般的な慣わしに合わせて.327と表し，3割2分7厘と読みます．打率は0と1の間の値になるので，頭の0を省略し，小数第4位を四捨五入し3桁の小数で表すのが一般的です．

普通の打率の記録では，○割○分○厘の表示ですが，過去には3ケタでは順位がつかなかったことがありました．稀に厘よりも小さな単位が使われます．毛（1万分の1），糸，忽，繊……と続いていきます（巻末「日本の命数法」を参照）．

ファラッド　**farad**　［電気・磁気］

MKSA単位系*の電気容量の単位．記号はF．1ファラッドは電位を1V高めるために1クーロン*の電気量を要するような導体の持つ電気容量です．電磁気学の開拓者ファラデー*にちなんで名づけられました．

ファラデー

ファラデー　Michael Faraday（1791-1867）　［人名］

　イギリスの物理学者，化学者．父は蹄鉄をつくる鍛冶屋でした．家が貧しくファラデーは小学校しか出られず，13歳で製本屋に勤めました．製本の技術修得だけに甘んぜず，製本を依頼された科学の本で学びました．その中で興味をひいたのが，ジェーン・マーセット夫人の『化学の会話』でした．この本は当時，16万部売れたそうです．ファラデーは暇をみては簡単な実験をし，本に書いていることを試してみることを忘れませんでした．この知識欲の旺盛な青年を見ていた王立研究所の会員W.ダンスがH.デイヴィの講演に出席できるように取り計らってくれました．1813年に，やはり独学で化学者となったデイヴィの助手になり，塩素の液化，ベンゼンの発見などの業績で王立協会員に選ばれました．1831年に，電磁誘導現象を発見しています．また，少年少女向けの講演会を行いました．そこでの講演の内容を本にした『ロウソクの科学』（原題は The Chemical History of a Candle，ロウソクの化学史）は，日本でも広く読まれています．

フィート　feet　［長さ］

　ヤード・ポンド法*の長さの単位．フート（foot）の複数形です．⇒フート

フーコーの振り子　—ふりこ　pendulum of Foucault　［時間］

　レオン・フーコー（Jean Bernard Léon Foucault, 1819-1868）は，振り子を振れさせると赤道以外の場所では地球の自転によって振り子の振動方向が少しずつ回転する（北半球では右回りに，南半球では左回りに）はずだと考えました．1851年にまず自宅の地下室で2mの振り子を用いて実験を行い，同年2月パリ天文台で公開実験を行って，成功しました．さらに，同年3月から12月にかけてパンテオンで公開実験を行いました．このとき用

180

いた振り子は，パンテオンの大ドームから全長67mのワイヤーで28kgのおもりを吊るしたものでした．

フーコーは振り子が1周するのに必要な時間が，次の式で表されることを発見しました．

$$1 周に必要な時間 = 1 日/\sin\theta = 24 時間/\sin\theta$$

θは振り子の置かれた場所の緯度です．この式が正しいことは，のちに他の科学者によって証明されています．

フート　foot　［長さ］

ヤード・ポンド法*の長さの単位．人が歩く1歩の歩幅によります．記号はft．1ft＝1/3ヤード*＝30.480cm＝0.30480mです．

フェルミ　fermi　［長さ］

核物理学で用いられる長さの単位．記号はF．1フェルミは10^{-15}mです．イタリア出身の物理学者E.フェルミの名前に由来します．

フェルミ　Enrico Fermi　（1901-1954）　［人名］

イタリア出身の物理学者．公務員の父と教師の母の子としてローマで生まれました．1918年，ピサ高等師範学校に入学し，物理学を学びます．非凡な才能があり，相対性理論を教師に教えたといいます．1922年に学位を取得し，1926年P.A.M.ディラックとは独立に，新しい統計法を提案しました．フェルミ-ディ

ラック統計法と呼ばれます．この年にローマ大学の理論物理学教授に就任しています．1934年，パウリのニュートリノ仮説をもとにβ崩壊の理論を立てました．中性子による元素の人工転換によって，多くの放射性同位元素を作りました．1938年にノーベル賞を受賞しています．同年，ユダヤ人であ

った妻とアメリカに移住(あらかじめ,コロンビア大学の永住権スポンサーがあったので亡命ではなかった)し,核分裂の連鎖反応を研究しました.1942年,シカゴ大学で世界最初の原子炉「シカゴ・パイル1号」を完成.原子核分裂の連鎖反応の制御に成功し,この炉は原子爆弾の材料になるプルトニウムを生産するために用いられ,長崎の原子爆弾に使われることになりました.

分　ふぇん　[長さ]

古代中国の長さの単位.漢法では,太陽が1昼夜に進む黄道の円弧の長さを1度(ドゥ)とし,1度を100分(フェン),1分を100秒(ミャオ)としています.

フォン　phon　[音]

音の大きさ(loudness)のレベルの単位.1キロヘルツの平面進行波の音圧を0フォンとします.「音」を意味するギリシア語のフォーネー($\psi\omega\nu\eta$),「音を出す」を意味する動詞フォーネイン($\psi\omega\nu\varepsilon\iota\nu$)に由来します.

不可思議　ふかしぎ　[数える]

吉田光由*著『塵劫記』の大数*の1つ.那由他*の1万倍で,10^{64}です.

副尺　ふくしゃく　vernier　[はかる]

長さや角度を測定するとき,基本の目盛りを施した物差し*(主尺)の1目盛りの端数を読み取るために添えられた動尺.9目盛りが10等分されています.

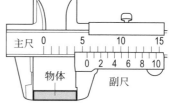

右の図では,主尺の目盛りは5となっています.また,副尺の目盛りは,6のところが主尺の目盛りと一致してい

ます．主尺の1目盛りと副尺の1目盛りとの差0.1が6個分ありますから，はんぱは0.6となります．つまり，はかられる物体の長さは，5.6と読みます．

伏　ふせ　［長さ］

矢の長さを表す単位で，1伏は指1本の幅です．

ブッシェル　bushel　［体積］

ヤード・ポンド法*の体積単位．1英ブッシェルは36.3677048リットル，1米ブッシェルは35.23803リットルです．

ブッシェル　bushel　［質量］

体積1ブッシェルの穀物の質量．穀物によって異なります．小麦の場合は，およそ27kgです．

不定積分　ふていせきぶん　indefinite integral　［面積］　(1)

定積分 $\int_a^b f(x)dx$ において，定数 b を不定な x に変えた

$$\int_a^x f(t)dt$$

を，不定積分(1)と呼びましょう．これは x の関数ですから，

$$\int_a^x f(t)dt = F(x)$$

とおくと，

$$\int_a^{x+\Delta x} f(t)dt = F(x+\Delta x)$$

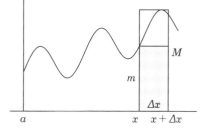

ふていせきぶん

したがって,

$$F(x+\Delta x)-F(x)=\int_x^{x+\Delta x} f(t)\,dt$$

と表されます.

　区間$[x, x+\Delta x]$における$f(x)$の最小値をm，最大値Mをとると，

$$m\Delta x \leqq F(x+\Delta x)-F(x)\leqq M\Delta x$$

したがって,

$$m \leqq \frac{F(x+\Delta x)-F(x)}{\Delta x}\leqq M$$

が成り立ちます.

　　　$\Delta x \to 0$のとき,

　　　$m \to f(x), M \to f(x)$

ですから,

$$f(x)\leqq \lim_{\Delta x \to 0}\frac{F(x+\Delta x)-F(x)}{\Delta x}\leqq f(x)$$

が成り立ち,

$$\lim_{\Delta x \to 0}\frac{F(x+\Delta x)-F(x)}{\Delta x}=f(x)$$

がいえます.

$$\lim_{\Delta x \to 0}\frac{F(x+\Delta x)-F(x)}{\Delta x}$$

を，関数$F(x)$の導関数といいます.

　一般に,

$$\lim_{\Delta x \to 0}\frac{f(x+\Delta x)-f(x)}{\Delta x}$$

を，関数$f(x)$の導関数（derived function）といい，$f'(x)$と表します．$f(x)$の導関数$f'(x)$を求めることを，$f(x)$を微分する（differentiate）といいます.

184

したがって,

$$F'(x) = f(x)$$

が成り立つことになりました. このとき, $F(x)$ を $f(x)$ の原始関数 (primitive function) といいます.

不定積分　ふていせきぶん　indefinite integral　[面積]　⑵

定積分 $\int_a^b f(x)\,dx$ の b を不定な x に変えた $\int_a^x f(t)\,dt$ を, 前項で不定積分⑴と呼んでおきました. この不定積分⑴の値は x の関数ですから, $G(x)$ と表すと,

$$G'(x) = f(x)$$

が成り立ちました. このような関数 $G(x)$ を, $f(x)$ の原始関数と呼びました.

ところで, $f(x)$ の原始関数の一つ $F(x)$ が求められたとすると,

$$F'(x) = f(x), \qquad G'(x) = f(x)$$

ですから,

$$\{G(x) = F(x)\}' = G'(x) - F'(x) = f(x) - f(x) = 0$$

したがって, 平均値の定理から, $G(x) - F(x)$ は定数です.

$$G(x) - F(x) = C$$

とすると,

$$G(x) = F(x) + C$$

が成り立ちます. $f(x)$ の原始関数は, すべて, $F(x) + C$ と表されます.

x と C との関数 $F(x) + C$ を, $f(x)$ の不定積分と呼び,

$$\int f(x)\,dx$$

と表します. ここでは C が不定ですから不定積分というのです. この C は積分定数 (integration constant) と呼ばれます.

プトレマイオス　Claudius Ptolemaeus (83 年頃 -168 年頃)　[人名]

古代ギリシアの学者. 数学, 天文学, 地理学, 音楽学, 光学など幅広い分

野で業績を残しました.『アルマゲスト』の名で知られる『数学集成』(13 巻) の著者です.天動説 (この著作で,地球が宇宙の中心であり,太陽やその他の惑星が地球の周りを回るという説) を唱え,この説は長らく支配的でした.

『アルマゲスト』の内容を一部紹介すると,「1 年の長さは 365 日 5 時間 55 分.地球は月よりも 39 倍大きく,太陽は月より大きく 6,600 倍.地球からの距離については,月までは地球半径の 59 倍,太陽までは 1210 倍」と述べられています.現在の科学では,1 年は 365 日 5 時間 48 分 46 秒となっていますので,驚くべき測定です.

英語ではトレミー (Ptolemy) と呼ばれます.幾何学におけるトレミーの定理が有名です.

フラッシュメモリー　flash memory　[情報]

長さ 6cm ほどの直方体形の小型の媒体で,情報を記録するものです.一端に差し込み用の USB と呼ばれるコネクターがつけられています.128 ギガバイト*,256 ギガバイトなどのものがあります.このメモリーの開発者は舛岡富士雄.情報を 1 ビット*ごとではなく,一括消去できるという,あえて性能を落としてコストを 1/4 以下に下げる方法でこのメモリーの発明にいたりました.

プラニメーター　planimeter　[面積]

図形の輪郭をなぞることによって図形の面積を測定する器具.スイスの数学者 J. A. ラフォン (Jakob Amsler-Laffon, 1823-1912) が考案しました.

ふん

浮力　ふりょく　**buoyancy**　［重さ・力］

　液体の中に沈めた物体は，排除した液体の重さと等しい上向きの力を受けます．この力を浮力といいます．

フレネル　**fresnel**　［光］

　光の振動数の単位．1フレネルは10^{12}サイクル毎秒*です．主として分光学で用います．フランスの物理学者 A. J. フレネル（Augustin Jean Fresnel, 1788-1827）の名に由来します．

分　ふん　［はかる］

　吉田光由*著『塵劫記』における小数の1つで，1/10です．

分　ふん　**minute**　［時間］

　1分は1時間の1/60，1秒の60倍です．記号は min.

　プトレマイオス*（83年頃-168年頃）は，『数学集成』（『アルマゲスト』と呼ばれる）の中で，半径を60等分し，それをさらに60等分し，さらに60等分して，それぞれを，partes（部分），partes minutae primae（第1の小部分），partes minutae secundae（第2の小部分）と呼びました．これは，半径についてですが，partes が degree（度），minutae が minute（分），secundae が second（秒）の語源となりました．

分　ふん　**prime minute, minute**　［角・角度］

　60分法による角の単位で，1分は1度*の1/60です．記号は ′ です．

187

分度器 ぶんどき　protractor, graduator　［角・角度］

60分法によって角の大きさをはかる器具です．通常は半円形ですが，全円分度器*もあります．

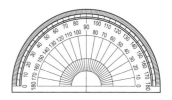

平均太陽 へいきんたいよう　mean sun　［時間］

天球の赤道上を，真太陽*（実際の太陽の位置）の平均角速度に等しい角速度で西から東に移動する仮想的な天体を，平均太陽といいます．

平均太陽時 へいきんたいようじ　mean solar time　［時間］

平均太陽*が南中してからの時間に12時間を加えた時刻を，その地点における平均太陽時といいます．経度が1度違うと，4分の差が生じます．

平均太陽日 へいきんたいようじつ　mean solar day　［時間］

平均太陽*が南中してから次に南中するまでに時間を，1平均太陽日といいます．平均太陽日は，潮汐摩擦などのため，毎日およそ70万分の1秒，短くなっています．

平年 へいねん　common year　［時間］

閏年*でない暦年をいいます．2月が28日で，1年が365日です．

平米 へいべい　square meter　［面積］

1平方メートル*と同じです．土木や，道路舗装用石の面積などをはかるのに用いられるほか，住宅や土地などの表示で目にします．畳の広さがまちまちであるため，公正取引協議会では，平米表示をするように決めているようです．

188

平方　へいほう　square　［はかる］

2乗，あるいは自乗ともいいます．同じ数，あるいは同じ量を掛け合わせた積です．

平方インチ　へいほう—　square inch　［面積］

ヤード・ポンド法*の面積単位．記号は in^2．1インチ四方の正方形の面積で，およそ $6.4516cm^2$ です．

平方キロメートル　へいほう—　square kilometer　［面積］

1km四方の正方形の面積で，記号は km^2 です．

平方尺　へいほうしゃく　［面積］

尺貫法*の面積単位．1辺の長さが1尺である正方形の面積で，およそ $0.918274m^2$ です．

平方寸　へいほうすん　［面積］

尺貫法*の面積単位．1辺の長さが1寸である正方形の面積で，およそ $9.18274cm^2$ です．

平方センチメートル　へいほう—　square centimeter　［面積］

1辺の長さが1cmである正方形の面積で，記号は cm^2 です．

平方プレスロン　へいほう—　square plethron　［面積］

古代ギリシアの面積単位．1プレスロンは100プース（フート）で，30.9mです．したがって，1平方プレスロンは 9.55a です．

へいほうマイル

平方マイル　へいほう—　**square mile**　［面積］

1 辺の長さが 1 マイルである正方形の面積で，記号は mil^2. 1 平方マイルはおよそ $2.589988km^2$ です.

平方メートル　へいほう—　**square meter**　［面積］

1 辺の長さが 1m である正方形の面積で，記号は m^2.

ベカ　**beka**　［質量］

古代エジプトの質量の単位. 1 ベカは 13.7g でした. ヘブライで用いられたベカは 110 グレーン*で，7.13g であったといいます.

ヘカト　**hekat**　［体積］

古代エジプトの体積単位. 1 ヘカトは $\frac{1}{20}$ カールです. 1 カールは $\frac{2}{3}$ 立方キュービット*で，1 立方キュービットは 144.7ℓ のようですから，1 カールは 96.47ℓ，1 ヘカトは 4.82ℓ となります. アメリカのチェイス（Chace）は，4.789ℓ としているようです.

ヘクタール　**hectare**　［面積］

面積の単位で，記号は ha. 1ha は 100 アール*です.

ヘクト　**hecto-**　［接頭語］

メートル法単位系における接頭語の 1 つ. 100 を表します. 記号は h.

ヘクトパスカル　**hectopascal**　［圧力］

国際単位系（SI）の圧力の単位. 記号は hPa. 1hPa は 100 パスカル*，$1,000dyn/cm^2$ にあたります. 台風情報で，よく目にします.

　　　　1 気圧（標準大気圧）（atm）

190

$$= 1.01325 \text{bar}$$
$$= 1013.25 \text{mbar}$$
$$= 1013.25 \text{hPa}$$
$$= 101325 \text{Pa}$$

という関係があります．

ちなみに平均風速が 17.2m/s 以上であるとき，台風と呼びます．

ヘクトリットル　hectoliter　［体積］

体積の単位で，記号は hℓ．1hℓ は 100 リットルです．

ベクトル　vector　［速さ・速度］

伝染病を運ぶ小動物（ベクター）に由来します．伝染病が P 地点から Q 地点に伝わったとき，小動物の実際の移動経路は分からないので，始点 P と終点 Q を矢線で示します．このような矢線を，変位といいます．変位 a, b の和は，経路を省いて三角形の第 3 辺で与えられます．

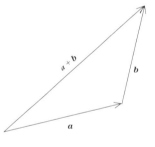

2 つの力 a, b が同一の点に作用するとき，それぞれの力を，その向きを持ち，大きさに比例する長さを持つ矢線で表すと，a, b を 2 辺とする平行四辺形の対角線に相当する矢線で表される力が生じます．この力を，a, b の合力といいます．

変位の和も，力の合力も，同一の法則に従っていますから，これを a, b の和と呼び，$a+b$ と表します．

$$a+a = 2a, \quad a+2a = 3a$$

などとするとき，

$$m b = n a$$

ベクトルりょう

が成り立てば，

$$b = \frac{n}{m}a$$

と表します．

　同様に，実数 k に対しても k*a* を定め，*a* のスカラー倍と名づけます．

　このような和とスカラー倍の法則に従う実在の量を，ベクトル量といい，ベクトル量から，距離や，力の大きさのような具体的性質を捨て去ったものをベクトルといいます．

　例えば，ある工場でP，Q，Rの3種の製品を製造し，1月にはそれぞれ2トン，3トン，4トン，2月にはそれぞれ4トン，2トン，5トン産出したとすると，合計はそれぞれ，6トン，5トン，9トンです．これを3次元のグラフに表すと，変位や力と同じ法則に従うことが分かります．産出もまたベクトル量であることが分かります．

ベクトル量　—りょう　　vector quantity　　［速さ・速度］

　変位，力，速度，加速度，産出，あるいは食品の栄養素など，ベクトルを用いて表すことができる実在の量を，ベクトル量といいます．

ベクレル　　becquerel　　［仕事・エネルギー］

　1ベクレルとは，1秒間に1つの原子核が崩壊して放射線を放つ放射能の量で，記号は Bq です．フランスの物理学者 A. H. ベクレル*に由来します．

ベクレル　　Antoine Henri Becquerel（1852-1908）　　［人名］

フランスの物理学者で，エコール・ポリテクニクの教授です．レントゲンによるX線の発見は，当時の科学者はもちろん，一般の人びとにも大反響がありました．少なくない科学者は，これに関する研

究をしました．ベクレルもそのひとりで．ウラン鉱石から放射線が出ること
を初めて発見しました．黒い紙に硫酸化カリウムを包んで乾板に置き，数時
間日光に当ててから現像し，黒化していることを見つけたのです．ベクレル
は太陽の光で励起されると考え，曇った日や，意図的に暗い場所などに置い
たりしましたが，やはり感光していることがわかりました．そうしてウラン
化合物は外部から励起されなくても放射線を出していることが確認されたの
です．

　こうして 1896 年 3 月，「リン光物質によって放出される見えない放射線
について」という論文を発表し，これでノーベル賞を受賞しています．放射
能の単位の名称「ベクレル」は，彼の名前に由来します．

ペック　peck　［体積］

　ヤード・ポンド法*による体積の単位．記号は pk．イギリスでは 1/4 ブッ
シェル*，554.84 立方インチ*で，9.0919ℓ，アメリカでは 1/4 ブッシェル，
537.61 立方インチで，8.8096ℓ，スコットランドの古制では 1/4 ファーロ
ット・オブ・ウィート，553.6 立方インチで，9.071ℓ です．また，穀物用
のペックは，807.6 立方インチ，13.23ℓ です（ラテイス編『新編 単位の
辞典』による）．

ベル　bel　［音］

　2 つの音圧 P_1，P_2 の関係を常用対数で次の式で表したもの．記号は B.
$B=\log_{10}(P_1/P_2)$．実際にはベルが使われることは，ほとんどなく，ベルの
10 分の 1 のデシベルが使用されます．このベルは，A. G. ベル（Alexander
Graham Bell，1847-1922）にちなみます．⇒デシベル

ヘルツ　hertz　［磁気・電気］

　振動数の単位．記号は Hz です．毎秒 n 回振動するとき，n ヘルツといい

ます．主として音波や電磁波に用います．ドイツの物理学者 H. R. ヘルツに由来します．

ヘルツ　Heinrich Rudolf Hertz（1857-1894）　［人名］

　ドイツの物理学者．ハンブルクで弁護士の父の子として生まれました．中学校を卒業後ドレスデンの高等工業学校に入学，6 か月目に兵役にとられ，ベルリンの鉄道部隊に入りました．除隊後，H.L.F. ヘルムホルツと G.R. キルヒホッフの名声を慕って，ベルリン大学に入学．願いかなって二人に物理学を教わることができました．1880 年，学位を取ると同時にヘルムホルツの実験助手になりました．ある学生がヘルムホルツに電気理論の新しいところを質問すると「そういう質問はヘルツ君に教えてもらいなさい」と言ったといいます．1883 年にキール大学の理論物理学の講師になり，1885 年にカールスルーエ大学の教授になりました．その後，独自の研究を重ね，1888 年に火花放電に伴う回路の電気振動から電磁波が生ずることを確かめ，それが光波と全く同一の性質を持つことを実証して，マクスウェル*の光の電磁論に実験的根拠を与えました．周波数を示す SI 単位の Hz（ヘルツ*）は，彼の名にちなみます．

ヘレディウム　heredium　［面積］

　古代ローマの面積単位．世襲地という意味です．くびきにつながれた 2 頭の牛が 1 日に耕す広さで，ユゲルム*の 2 倍です．1.244 エーカー*，0.5 ヘクタール*にあたります．

ペンタンカンデラ　pentan candela　［光］

　光度*の単位．1 気圧，0.8％の水蒸気のある室内で，ペンタン灯*の炎の

高さが 2.5 インチになるように燃やすとき，出す光を 10 キャンドル*と定めます．

ペンタン灯　—とう　pentan lamp　[光]

イギリスで用いられる光度*の標準灯です．1877 年にハーコートによって考案されました．ペンタンの分子式は C_5H_{12} です．空気 20，ペンタンガス 7 の割合で混合されたガスを，直径 1/7 インチの火口を持つ容器に入れて燃やします．

ヘンリー　henry　[磁気・電気]

インダクタンス（電磁感応係数）の MKSA 単位*．1 ヘンリーは毎秒 1 アンペア*の割合で一様に変化する電流が通過するときに 1 ボルト*の起電力を生ずる電気回路のインダクタンスで，記号は H です．アメリカの物理学者 J. ヘンリー（Joseph Henry，1797-1878）にちなんで付けられました．

ヘンリー　Joseph Henry（1797-1878）　[人名]

アメリカの物理学者．ニューヨーク州オールバニで生まれました．将来は俳優か劇作家を志望していましたが，15 歳のときに時計屋に徒弟として入りました．『実験理学講義』（G. グレゴリー著）を偶然読んだのがきっかけで科学に関心を抱くようになり，オールバニ・アカデミーに入学．1826 年，母校の数学教授になりました．

最初の研究は電磁石の改良でした．鉄にワニスを塗る代わりに被膜した銅線を用い，密に隙間なく幾重にも巻きました．この電磁石で 1 マイル離れた電池から電流を送り磁石の接極子（アーマチュア）でベルを叩かせる一種の電信機を作りました．1828 年 8 月，電磁石の性能を試験していた時，長

ほ

いコイルの電流を切ると予期しない火花が飛ぶのを見ました．これにヒントを得て 1830 年に，ファラデー*とは独立に電磁誘導を発見し，振動型の電動機を作りました．1831 年には電磁方式の電信機を発明しました．1832 年にファラデーに先んじて電流の自己誘導を発見しています．電磁誘導の単位ヘンリーは彼の名前に由来します．

歩　ほ　［長さ］⑴

尺貫法*の長さの単位．1 歩は曲尺*の 6 尺にあたります．20/11m です．

歩　ほ　［長さ］⑵

左右の足を右，左と踏み出した合計の長さ．二跨ぎのこと．武*の 2 倍．しかし現在では，武のことを歩ということがほとんどです．⇒マイル

畝　ほ　［面積］

古代中国の面積単位．6 尺四方を 1 歩とし，古くは 1,000 歩を 1 畝とした．

帆足萬里　ほあしばんり（**1778-1852**）　［人名］

豊後国日出藩（現在の大分県）出身の江戸時代後期の儒学者・経世家．家老の父，道文の二男として生まれました．萬里の幼少の頃の話は伝わっていませんが，14 歳のとき，同郷の儒学者・脇愚山蘭室に学びました．21 歳のときに大坂の中井竹山，24 歳のときに福岡の亀井南冥の門を叩きました．竹山，南冥は当時名高い儒学者でした．30 歳を過ぎると，萬里は尊敬していた三浦梅園の学問を一層進めようと思い，梅園の弟子脇蘭室より指導を受け，梅園の学問を理解しやすく解説した『窮理通』を著しました．窮理というのは物理学のことです．初稿を書いたのは 1810（文化 7）年で，33 歳の若年の頃でした．

しかし，彼は自分の自然に対する理解の不足を痛感し自著の不備を知り，

その稿を破棄してしまいました．当初の彼の思考を知る術はないのですが，恐らく萬里は西洋理学のすぐれた著書の『暦象新書』（志筑忠雄著）の写本など読んで，自分の知識の狭小なことを自覚したのでしょう．それで自ら西洋の科学書の原書を読んで自然界の真姿を知るため，蘭語の勉強を
始めました．40余歳の頃であるといいます．まわりに蘭語の先生はおらず，稲村三泊の蘭和字書（『訳鍵』）による独学でした．そして西欧の物理学の大要を知り，その知識により書き上げたのが1836（天保7）年の改稿『窮理通』（原暦（暦法），大界（恒星，銀河），小界（太陽系），地球，引力（光学，力学など），大気（気体），発気（気象），諸生（動植物，生物など）全8巻）でした．理学書を読み自然現象を正確に理解するには，どうしても度量衡のことが大切です．そのため巻末に「西洋各国度量衡表」をつけました．

　55歳のとき，日出藩の家老になりました．日出藩は財政が逼迫していたため，藩主から頼りにされ，口をださぬ条件で改革に取り組みました．人事では誠実で心優しい人物を登用し，財政では自ら算盤を執って藩の帳簿を精査し，不正をあばき諸事倹約をするように諭しました．その結果，大坂商人からの借金を返済し，藩を立て直しました．三浦梅園，広瀬淡窓と共に豊後三賢の1人といわれています．

ポイント　　point, printer's point　　[はかる]

　活字，印刷文字の大きさを表す単位．1ポイント＝72分の1インチ＝0.35146mm．パソコンのワープロソフトで標準の文字サイズは10.5ポイントです．難しい文字につける振り仮名をルビ（ruby）といいます．ルビの大きさは標準で5.5ポイント．ポイント制が確立する以前は，文字の大きさごとに名前がついていました．たとえば，12ポイントはパイカ（pica）と呼ばれていました．

ポイント

ポイント　point　［質量］
ダイヤ，真珠など宝石の質量単位．1 ポイント＝2mg．

ポイント　point, compass point　［角・角度］
円周角（360°）の 32 分の 1 で 1 ポイント＝11.25°です．ポイントの由来は，13 世紀のヨーロッパで，羅針盤の周囲の 32 分の 1，つまり直角の 8 分の 1（90°÷8＝11.25°）にしたことによります．

日本語では「点」と訳され，スティーブンソンの『宝島』にも登場します．「……船長のたどたどしい字と違って，小さなきれいな文字で，『宝は大部分ここだ』と書いてあった．裏には，同じ手で，次のように説明してあった．北北東より一点北にあって，遠眼鏡山の肩，高い木．東南東わずか東に，骸骨島．……」（『宝島』ルイス・スティーヴンソン著，岩波文庫　阿部知二訳．傍点は筆者）．

方田　ほうでん　［面積］
方形の田のことです．古代中国の秦漢時代の算術をまとめた『九章算術』の「方田」の章に，「縦の歩の数と横の歩の数を掛けると，面積の歩（歩²）の数を得る」と書かれています．さらに，横が 7 分歩の 4，縦が 5 分歩の 3 の場合には，35 分歩² の小さな方田が 12 個含まれますから，面積は 35 分歩² 分の 12 となります．

方田

$$\frac{4}{7} \times \frac{3}{5} = \frac{12}{35}$$

と計算されます．これを「方田の法」といいます．

圭田は三角形の田です．箕田は台形の田です．それぞれ，図のように方田に改め，「方田の法」を用います．円田も，図のように方田に改め，「方田の法」を用います．

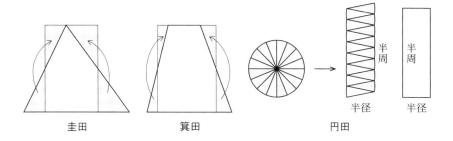

圭田　　　　箕田　　　　円田

方歩　ほうぶ　［面積］

　古代中国の面積の単位．一辺の長さが1歩である正方形の面積です．単に歩と表すこともあります．⇒歩［面積］

補助単位　ほじょたんい　subsidiary units　［はかる］

　2つの意味があります．1つは，キロメートルやセンチメートル，ミリグラムなど，計量のために接頭語を付けた単位のことです．もう1つは，SI単位系で基本単位＊や誘導単位＊のほかに導入された，ラジアン，ステラジアン，アール，カラットなどを指します．微分積分など，特殊の目的のために導入された単位です．

ボルト　volt　［電気・磁気］

　電位差および電圧のMKSA単位です．記号はV．1アンペア＊の電流が流れる導体の2点間で費やされる仕事率が1ワット＊であるとき，この2点間の電圧は1ボルトであるといいます．一般家庭の交流電流は100ボルトです．イタリアの物理学者A．ヴォルタ（Alessandro Volta, 1745-1827）に由来します．⇒ヴォルタ

ホン　decibel　［音］

　騒音レベルの単位．騒音計＊で読み取った数値で示します．1,000サイク

ポンド

ルのときnデシベルをnホンとします. 一般に, 音の大きさのレベル (loudness level, ラウドネスレベル) であるフォン＊とは一致しません. 現在はデシベルに統一されています.

ポンド　pound　［質量］

　ヤード・ポンド法＊の質量の単位. イギリスは 1963 年の改正度量衡法で 1 ポンドを 0.45359237kg として定めています. アメリカは 1893 年にキログラムを法律上の正規の質量の単位にしたときに 1 ポンドを 0.4535924277kg としました. 日本では 1953 年の計量法施行法で 1 ポンド 0.45359243kg と定めています.

　歴史的には, メソポタミア地方で 1 日に大人 1 人が消費する大麦の質量に由来します. 記号は lb で, 古代ローマの libra （天秤）に由来します.

　「ポンド」の名称は, 大きくわけて 4 種類の異なる質量の単位があります. 常用ポンド（avoirdupois pound）, トロイポンド（troy pound）, 薬用ポンド（apothecaries' pound）, メートルポンド（metric pound）. このうち, トロイポンドと薬用ポンドは同じ値です. トロイポンドは, イギリスの薬剤師や宝石商によって使用されていました. 薬用ポンドは 1 ポンド 0.37324177kg で, 常用ポンドとの比率は 144/175.

　1959 年（日本では 1993 年以降）に, 常用ポンドをポンドと定めました. 現在では単に「ポンド」と言えば常用ポンドのことを指します（『丸善　単位の事典』2005 年）.　⇒オンス

ま行

マイクロ micro- ［接頭語］
　メートル法単位系の接頭語．100万分の1，10^{-6} を表します．記号 μ．

マイクロキュリー microcurie ［仕事・エネルギー］
　10^{-6} キュリー* です．記号は μci．⇒キュリー

マイクログラム microgram ［質量］
　10^{-6} グラムです．記号は μg．

マイクロシーベルト microsievert ［仕事・エネルギー］
　10^{-6} シーベルト* です．記号は μSv．

マイクロ秒 —びょう microsecond ［時間］
　10^{-6} 秒です．記号は μs．

マイクロメーター micrometer ［はかる］
　機械部品の厚みなどを精密に測定する機器．1mm の 1/100 程度まで測定できます．

マイクロメートル micrometer ［長さ］
　1マイクロメートルは 10^{-6} メートルです．記号は μm．以前はミクロン

（μ）とも言いましたが，1967年の国際度量衡総会で廃止されました．日本でも，1997年10月1日から使用が禁止されました．

マイクロレム　microrem　［仕事・エネルギー］

生体実効線量（生体単位質量当りの吸収線量）の単位．100万分の1レム*です．記号は μrem．

マイヤー　mayer　［仕事・エネルギー］

熱容量の単位．1ジュール*の熱量が1gについて温度を1℃だけ高めたとき，その物質は1マイヤーの容量を持つといいます．ドイツの医師・物理学者J.R.マイヤー（1814-1878）にちなみます．

マイル　mile　［長さ］

ヤード・ポンド法*の長さの単位．記号はmiまたはmil．1マイル＝1,760ヤード*＝5,280フィート*＝1,609.344m≒1.6kmです．

マイルの語源はラテン語の千を意味するmilleに由来します．古代ローマには2歩（ふた歩き）分の長さに相当するパッスス（passus）という単位がありました．この千倍の"mille passus"がマイルの語源です．1,000歩が1マイルのことなのですが，そうすると1歩は約160cmになります．

もともと1歩は1複歩のことを指しますが，現在，測量学では混乱を避けるため，二跨ぎを1複歩としています．英語でも二跨ぎのことをone pace，一跨ぎのことをhalf paceといっています．日本では古来，二跨ぎのことを「歩」，一跨ぎのことを「武」といいました．現在，残っている言葉に，「歩武堂々」があります．「歩武」とは「あしどり」のことです．

マイルストーン　milestone　[長さ]

距離の標識です．ローマ帝国時代，主要な街道沿いに1マイル（1,000歩，約1.6km）毎に設置したのが始まりです．アッピア街道に現存しています．マイルポストともいいます．物事を進める際の途中の節目という意味でもマイルストーンという語を使うようになりました．

アッピア街道にのこるマイルストーン

マイル毎時　―まいじ　miles per hour　[速さ・速度]

ヤード・ポンド法*による速さの単位．1時間について1マイル移動する速さをいいます．記号は mph または mile/h．

曲がりがね　まがりがね　[長さ]

曲尺（かねじゃく）の別名です．⇒曲尺（1）

マクスウェル　maxwell　[電気・磁気]

磁束のCGS電磁単位．記号は Mx．$1\text{Mx}=1\text{Gcm}^2$（Gは磁束密度ガウスです）．イギリスの物理学者 J.C.マクスウェルに由来します．⇒ガウス

マクスウェル　James Clerk Maxwell（1831-1879）　[人名]

イギリスの物理学者．弁護士の父の子としてエディンバラで生まれました．幼年時代は学校に行かず，家庭教師に教育を受け，10歳でエディンバラ・アカデミーに入学しました．14歳のとき，卵形線に関する論文を発表して，学界を驚かせました．エディンバラ大学のJ.D.

203

フォーブス教授も関心を寄せました．16歳でエディンバラ大学に入学．ここで「弾性固体の平衡について」という論文を発表し，初めて光圧の分析の原理を論じました．フォーブスに勧められ，ケンブリッジのペーターハウスカレッジに入り，トリニティカレッジに転校．ここで数学者・物理学者のG.G.ストークスに出会い，彼の講義に熱中し，後に無二の親友になります．

マクスウェルはストークス教授の勧めで，M.ファラデー*の思想を受けつぐ道を進みました．1854年にトリニティカレッジを卒業．翌年，母校の職員になります．1859年に気体分子の速度分布法則を理論的に導いています．また，気体分子の平均自由行路（通過距離）を算出して，気体論の発展に寄与しました．1864年に流体力学から類推して，ファラデーの電磁誘導の力学概念を数学的に表現したマクスウェルの方程式を導き，古典電磁気学を確立しました．これから電磁波の存在を証明し，電磁波が横波であること，その速度が光の速度と同じであることを予言しました．これは彼の死後，1888年にヘルツ*によって実証されました．彼はまた1869年に，土星の輪が固体ではあり得ないことを理論的に示しました．

1871年，ケンブリッジ大学の実験物理学の初代教授になり，1874年には，第7代総長デヴォンシャー公ウィリアム・キャヴェンディッシュの基金によるキャヴェンディッシュ研究所の初代所長にもなっています．

マグニチュード　magnitude　［仕事・エネルギー］

震源における地震の強さを表す数値です．記号はMです．気象庁では，

$$M = \log A + 1.73 \log \varDelta - 0.83$$

で計算します．Aは，中周期変位型地震計による最大片振幅（単位はマイクロメートル）です．$\varDelta$は地震計と震央との距離（単位はキロメートル）です．何か所かの地震計についてMを求め，平均します（落雷などで1か所の地震計が作動したのを地震と誤認するのを避けるため）．

この語はアメリカの地震学者C.F.リヒター（Charles Francis Richter,

1900-1985）が考案しました．地震のエネギーの大きさを対数で表した指標値です．揺れの大きさを表す震度*とは異なります．リヒターは日本の地震学者，和達清夫（わだちきよお）（1902-1995）の最大震度と震央までの距離を書き込んだ地図に着想を得たといわれています．語源は「大きさ，大きな広がり」を意味するラテン語のマグニトゥードー（magnitūdō）に由来しています．

真弧　まこ　bamboo profile gauge　［はかる］

遺跡などで発掘される土器，陶磁器などの出土品の形状などを測定する道具．これには，大小さまざまな大きさの物があります．長さが均一な竹の板が数百本並んでおり，先端部分を土器の形に合わせて押し当てることで形状を正確に模る（かたど）ことができます．形状を模った真弧を方眼紙などの図面上に置いて先端を鉛筆でなぞることで，土器の形状を図面に描き写すことができます．「真実の弧を取る」というところから真弧と命名されました．

日本で生まれた真弧は，考古学者らが機織り機の筬の廃材を使って手作りしていましたが，現在は製品化されています．開発当初は金属，プラスチックなどの素材で試作されましたが，出土遺物に傷がつくことを懸念し，ある程度の強度としなやかさを併せ持ち，土器への当たりが柔らかく，貴重な出土品を傷つけにくい竹が素材として使用されるようになりました．現在では技術の進歩によりしなやかな金属の真弧もありますが，世界でも竹真弧の優れた性能が認められ，人気が高まっています．

升　ます　measure　［はかる］

液体や穀物の体積をはかる入れ物です．国字で枡も用いられます．

マック

マック mach ［速さ・速度］
　マッハの英語読みです．⇒マッハ

マッハ mach ［速さ・速度］
　オーストリアの物理学者 E.マッハ（Ernst Mach）に由来する速度の単位．記号は M または Ma．音速を 1 マッハとしており，およそ 1,225km/h となります．おもに飛行機の速度に用いられます．

マッハ Ernst Waldfried Josef Wenzel Mach（1838-1916） ［人名］
　オーストリアの物理学者，哲学者．モラヴィアのテュラスで生まれ貧困の中で育ちましたが，ウィーン大学で物理学を学び，1864 年 26 歳でグラーツ大学の数学の教授になり，1867 年から 28 年間プラーク大学の物理学教授を務め，1895 年にウィーン大学の物理学教授になりました．その間，波動，超音速，ジェット流を研究

し，流体中の物体の速さをその流体中の音速で割った商，マッハ数の概念を導入しました．
　1883 年に『その発展から見た力学』を著し，ニュートン力学の基礎的諸概念，絶対時間，絶対空間などの基本概念に，形而上学的要素が入り込んでいると批判的に検討しました．この考え方はアインシュタイン*に大きな影響を与え，特殊相対性理論の構築への道をひらきました．経験批判論の立場にたって，科学は現象記述にとどまるべきだと主張し，原子論に反対しました．原子物理学者の武谷三男は，三段階論を対置して批判しています．
　マッハは科学史家としても名声が高いのですが，音響学，生理学など幅広い分野でも活躍しました．心理学の分野では「マッハの帯」，「マッハ効果」と呼ばれる錯視効果を発見．このことが後に，ゲシュタルト心理学に少なからず影響を与えました．

万　まん　[数える]

『塵劫記』にある大数*の1つ．1,000の10倍，10^4です．「ばん」ともよみます．日常的には「万事休す」「万策尽きる」「万里の長城」のように，「非常に多い数」の意味でも使われます．

万進法　まんしんほう　[はかる]

1万の1万倍を億，1億の1万倍を1兆というように，1万倍ごとに新しい単位を導入する数え方を万進法といいます．

日本語は万進法なので，数字にカンマを打つのであれば4桁ごとにしたほうが読みやすくなります．例えば，1234567890という数は12,3456,7890のように表記すると，12億3456万7890とすぐに読めます．このように4桁ごとにカンマを打つ表記法を使えば，かなり大きな数でも楽に読めます．12345678901234567890の場合は，1234,5678,9012,3456,7890と表記すると，1234京5678兆9012億3456万7890とすぐに読めます．このように，カンマを4桁ごとに打った方が便利ですが，実際に用いられることはありません．国際社会では，千進法であるためです．

ただし日本語でも，カンマを3桁ごとに打つメリットはあります．例えば1,000m=1kmや1,000mg=1gのように，度量衡においては千進法が採用されていますので，3桁ごとにカンマが打ってあると単位換算が楽です．

ミクロン　micron　[長さ]

⇒マイクロメートル

水時計　みずどけい　water clock　[時間]

水が流出して水面が下がったり，水が流入して水面が上昇したりするのを利用して時間をはかる装置．中国由来の物は「漏刻*」，西方の物はクレプシド

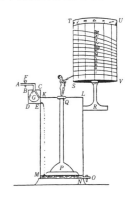

ラ（clepsydra）と呼ばれます．最古のものには，アメンヘテプⅢ世（前1400年頃）の名が書かれていて，製作者がアメネムヘトという人物であることが分かっています．アレクサンドリアにあったムセイオン（学堂）の初代館長であるクテシビオスは，不定時法の改良型水時計を発明しています（図）．

ミナ　mina　［質量］

　古代オリエントで用いられた質量の単位．ムナーともいいます．シュメールでは1ミナは60シェケルで，501.6gにあたります．

ミリ　milli-　［接頭語］

　メートル法単位系の接頭語で，1/1,000を表します．記号はm.

ミリ　milli　［長さ］

　⇒ミリメートル

ミリグラム　milligram　［質量］

　1ミリグラムは1/1,000gです．記号はmg.

ミリシーベルト　millisievert　［仕事・エネルギー］

　1ミリシーベルトは1/1,000シーベルト*です．記号はmSv.

ミリバール　millibar　［圧力］

　気圧の単位．1ミリバールは1/1,000バールです．記号はmbarまたはmb．平成4年まで台風時の気圧の単位として使われていました．現在はヘクトパスカルを用います．1気圧は1013.250ミリバールです．⇒ヘクトパスカル

むめいすう

ミリメートル　millimeter　［長さ］

1ミリメートルは1/1,000mで，記号はmm．日常的には略してミリともいいます．

雨量を表すときには，単にミリを用います．雨量5ミリは，1m²に対して5リットルの雨が降ることを示しています．1時間に20ミリも降れば大災害が予想されます．

ミリリットル　milliliter　［体積］

メートル法の体積の単位で，1リットルの1,000分の1です．記号はmlまたはmℓ．小学校ではmLと書きます．立方センチメートル*（記号はcc，cm³）ともいいます．

ミレニアム　millennium　［時間］

1,000年です．千年紀も意味します．

畝　むー　［面積］

唐代の面積単位で，5尺を1歩としています．周，秦，隋代と同じで，240平方歩は変わりません．1畝は6,000平方尺，60平方丈となりました．

無名数　むめいすう　abstract number　［はかる］

1，2，3や3.14のように単位記号の付かない数を，無名数といいます．例えば2は，2m，2ℓ，2gなどから，長さ，体積，質量という共通でない性質を捨象し，単位の2倍であるという共通の性質を抽象したものです．抽象によって得られた数という意味で，abstract numberといいます．数というのは，測定値*を一般化したものです．

209

無理数 むりすう　irrational number　［はかる］

　実数の中で，有理数 * でないものを，無理数といいます．整数の比として表すことができません．

無量大数 むりょうたいすう　［数える］

　吉田光由 * 著『塵劫記』にある大数の 1 つ．万進法 * に統一された寛永 11 年版では，不可思議 * の 1 万倍で 10^{68} ですが，無量と大数を区別して，大数は 10^{72} としている版もあります．

メートル　meter, metre　［長さ］

　長さの単位．記号は m で，現在は光が真空中で 1/299792458 秒間に進む距離と定められています．尺度を表すギリシア語（$\mu\varepsilon\tau\rho o\nu$）に由来します．

メートル法（世界） 一ほう　système métrique, themetric system　［はかる］

　計量単位の国際的統一を目指して，フランス革命後にアカデミー・フランセーズ（l'Académie française）が制定した計量法です．メートルは，北極から赤道までの子午線の長さの 10^7 分の 1 と定められ，メートル原器が作られました．その後，誤差が発見されましたが，メートル原器の 1 メートルがそのまま用いられていました．現在は，光が真空中で 1/299792458 秒間に進む距離と定められています．

　メートル法ができた背景をたどってみましょう．度量衡の議論がされ始めた 1700 年代，各国の状況はどうであったのでしょうか．長さのことについて絞ると，フランスでは，「ピエ・ド・ロア」と呼ばれる，フィート * よりもわずかに長いピエ尺が使われていました．6 ピエを「トワーズ」と呼び，約 1.95 メートル．主に土地測量に用いられていました．イギリスでは，ローマ帝国から受け継がれた制度が使われ，長さの単位であるヤード * は，も

ともとヘンリー1世（1068-1135）の腕の長さから決めたといわれています．

　開拓期のアメリカでは，それぞれの移民が本国の単位を使っていたようです．日本では中国の単位系を発展させた尺貫法*が用いられていましたが，原器のようなものはなく，例えば曲尺*，鯨尺などを用途によって使い分け，統一されている状況ではありませんでした．

　やがて各国間の交流が進むと，国際的に統一された単位や正確な基準・標準を持つ制度の出現を待望する声が高まっていきました．

　フランスで新しい「度量衡」を作ろうとする動きは，当初ルイ16世のもとで始められました．フランス革命前のヨーロッパでは，十進法，十二進法，十六進法，六十進法が混在し，複雑な計量法が用いられていました．そこで，フランス革命初期に成立した国民議会は，タレーランの提唱に基づいて「自然の標準に準拠し，永遠に世界で用いられる新単位系」の創設を宣言しました（1790年）．

　長さの単位を決める案には大きく分けて2つありました．振り子の周期から長さを決める方法と，地球の大きさから基準になる寸法を採用する方法です．前者は周期1秒の振り子の長さ約2メートルを基準にするもので，地球上のどこでも簡単に再現できる利点があります．ただし，現在の目で見ると，重力は地球上の地点で変わり，金属で作った振り子の長さは温度によって伸縮するので，必ずしも適切な基準ではなかったのです．

　1791年，フランスの国民会議は，とりあえず地球の寸法に基準をとることとし，測量計画を立てることにしました．地球の北極と南極間の距離（子午線）を採用する案と，赤道の長さを基準にする案のうち，海の多い赤道案は測量が困難なので捨てられ，陸地で測量できる子午線案が選ばれました．

　1792年6月，天文学者 P.F.A. メシェンと J.B.J. ドゥランブルは，フランスのダンケルクからスペインのバルセロナまでの距離 1,075 キロメートルを三角測量ではかりました．そして7年の歳月をかけた測量結果をもとに，

211

メートルほう

子午線の 4 千万分の 1 を 1 メートルと決めたのです．なぜ 4 千万分の 1 か
というと，当時ヨーロッパで広く使われていた肘の長さ「キュービット*」
の 2 倍が，その 1 メートルに近く，またヤードも 0.91 メートルであったの
で馴染みやすいと考えたからのようです．そして，最大密度の水 1 立方セ
ンチメートルの質量を 1 グラムと定めました．1899 年に，白金製のメート
ル原器とキログラム原器とが作成されました．アルシーヴ原器（Mètre des
Archives）と呼ばれます．

　また，体積の単位としては，1 辺が 1 デシメートルの立方体の体積を 1
リットル，面積の単位としては，1 辺が 10 メートルの正方形の面積を 1 ア
ールとしました．時間の単位は平均太陽日*の 24×60×60 分の 1 を 1 秒と
しました．

　1872 年のメートル法国際会議では，当初の定義が満たされていないこと
を確認し，アルシーヴ原器を基にして白金 90％，イリジウム 10％の合金で
新しい原器を作りました．1875 年 5 月にメートル条約が締結され，1899
年の第 1 回国際度量衡会議総会で，国際メートル原器，国際キログラム原
器に基づく単位系が確立されました．

　こうして，ルイ 16 世からフランス革命政府，ナポレオン政権を通じて，
多くの一流の科学者や政治家が関わり，文字通り地球規模のメートル法が制
定されたのです．

　現在は国際的に統一されメートル（metre, meter）が使われていますが，
この語は「はかる」という意味のラテン語 metrum，ギリシア語 μέτρον が
基になっています．両語が似ている語を選んだようです．基本単位記号の決
め方に苦慮し，進法の順位の接頭辞は各国の感情に配慮して，分数位（デシ
〔deci〕，センチ〔centi〕，ミリ〔milli〕）はラテン語，倍数位（デカ〔deca〕，
ヘクト〔hector〕，キロ〔kilo〕，ミリア〔millia〕）はギリシア語から採用し
ました．

　その後，アンペア*を加えて MKSA 単位系*となり，温度と測光を加えて

国際単位系[*]（SI）となりました．現在のメートルの定義は，光が真空中で，1/299792458 秒の間に進む距離です．また，秒は，^{133}Cs 原子の基底状態の 2 つの超微細準位の間の遷移に対応する放射の 9192631770 周期の継続時間と決められています．この定義は温度 0 K（K はケルビン[*]）のもとで静止した状態にある Cs 原子に基準を置いています．

　現在は国際的には共通の長さがメートル，重さがキログラムです．フランスが主導権を握って進められましたが，決まるまでに各国の思惑もありました．さらに，「グラム・メートル」法が決まっても，現在でもそれに従わない分野があります．ゴルフ界でヤードを使うのはその一例で，ヤードはイギリスのヤード・ポンド法[*]による単位です．

　また，1999（平成 11）年 9 月 23 日，NASA の火星探査機マーズ・クライメート・オービター（Mars Climate Orbiter）が，約 6.6 億 km を 9 か月かけて飛行した後，火星の軌道インパクトで炎上しましたが，調査の結果，その原因は，コロラドの R 社のエンジニアがデータをメートル法ではなく，ヤード・ポンド法の単位で送信していたからでした．

　日本では，科学・技術の世界でメートル法以外の単位を使うことはありません．しかし，アメリカでは今でもインチで図面を描くことがあるそうです．

　単位の起源がどのようであっても，制度の決まりかたには，人間の和があり，諍いがあり，多くのドラマがあったのです．

メートル法（日本）　一ほう　［はかる］

　フランスは 1795 年に世界に先駆けてメートル法を制定し，その後，1875 年にメートル法国際条約が締結され，18 か国が加入しました．日本は 1886（明治 19）年にメートル条約に加盟．その後，分配されたメートル原器のレプリカが 4 年後に日本に届きました．この時点を持って初めて日本は制度の高い「度量衡」の標準を持つことになりました．

　この年（1886 年）の 12 月，「度量衡法案」が議会にあげられました．と

メートルほう

ころがこの案に対し，賛成派と反対派があり，賛成派は留学経験者の工学者古市公威，数学者菊池大麓など学者たち，反対派実業家田辺有栄，政治家田中正造たちでした．紆余曲折がありましたが，近代的度量衡制度が 1891 年 3 月に公布され，尺貫法とメートル法の二本立てで，進めることになりました．主な 2 つを紹介すると，1 つは尺貫法と共にメートル法を公認し，「尺と貫」を基本とすること．もう 1 つは，営業に使用する計量器を検定対象とし，製造事業者・販売事業者は免許制にすることでした．ところがこの法律には抜け穴があって，尺貫法とメートル法以外の単位や度量衡器を禁止する条項が入っていませんでした．

　実は幕末からメートル法，ヤード・ポンド法が入りはじめていました．フランスやドイツの招聘外人（教師，軍人）はメートル法，イギリス人やアメリカ人の招聘外人はヤード・ポンド法を携えて，技術教育，兵器の製造は，それぞれ母国のものを紹介したのです．そのため幕府の横須賀造船所はフランス指導の下に造られメートル法，島津藩の工場はイギリスの指導でヤード・ポンド法ということになりました．また，陸軍は最初フランスに学び，普仏戦争でフランスが敗れて，ドイツに代り，海軍はイギリスに学び，日清戦争後はヤード・ポンド法のアメリカが経済進出することになり，日本の度量衡はモザイクのようになり，多様な度量衡を使う，世界でも珍しい国になってしまいました．

　時を得て，田中舘愛橘*は 1907（明治 40）年，万国度量衡会議のアジア代表常設委員に指名されて，初めてパリでの総会に出席しました．以来，9 回も同会議に出席して世界の大勢を見極め，「日本国においてもメートル法を導入すべきだ」と関係方面を説得し，1921（大正 10）年に帝国議会において度量衡改正（メートル法）法案が通過，成立しました．

　しかし，急な切り替えはなかなか進まず，尺貫法は使われ続けました．そのため政府は計量法を改定し 1959（昭和 34）年からは尺貫法の使用が禁止されメートル法の使用が義務づけられました．違反した場合には処罰が課

されるという厳しいもので，それに疑問ももった文化人のひとり永六輔（1933-2016）は尺貫法復権運動を展開し，自ら尺貫法を使用し警察に自首するなどしました．法律自体の改定は行われませんでしたが，その後，尺貫法の使用は黙認されるようになっていきました．

1993（平成5）年に計量法全面改正（現行計量法の制定）が施行されました．主なことは計量単位の国際単位系（SI）への統一です．現在は，平成25年9月26日公布の計量単位令によっています．

メートル毎時　—まいじ　meter per hour　［速さ・速度］

時速1mの速さで，記号はm/hです．

メートル毎秒　—まいびょう meter per second　［速さ・速度］

秒速1mの速さで，記号はm/sです．

メートル毎秒毎秒　—まいびょうまいびょう　meter per second per second　［加速度］

1秒について，速度が1m/s速くなる加速度．記号はm/s^2．100ガルです．

メートル毎分　—まいふん　meter per minute　［速さ・速度］

分速1mの速さのことで，記号はm/minです．

メガ　mega-　［接頭語］

メートル法単位系の接頭語．100万倍を表します．記号はM．

メガダイン　megadyne　［重さ・力］

力の単位．記号はMdyn．1メガダインは，100万ダイン[*]，10ニュートン[*]

215

メガバイト

です.

メガバイト　megabyte　［情報］
情報量の単位.記号は MB.1MB は 10^6 バイトです.⇒バイト

メガヘルツ　megahertz　［電気・磁気］
振動数の単位.記号は MHz.1MHz は 10^6 ヘルツです.毎秒 10^6 回振動します.⇒ヘルツ

メディア　media　［情報］
情報の記録，伝達，保管のために用いられる道具.媒体(ばいたい)と呼ばれるときもあります.CD*，DVD*，FM（フラッシュメモリー*）などがあります.

メビバイト　mebibyte　［情報］
情報量の単位.記号は MiB.1MiB は 2^{20} バイト，1,048,576 バイトのことです.⇒バイト

面積速度　めんせきそくど　area velocity　［面積］
動径が単位時間に掃く面積を，面積速度といいます.動径を r，速度を v とすると，面積速度は，

$$\frac{1}{2} r \times v$$

で与えられます.$r \times v$ は r と v の外積*です.

面積速度を S とし，加速度を a とすると，

$$S' = \frac{1}{2}(v \times v + r \times a)$$
$$= \frac{1}{2} r \times a$$

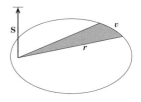

となります.

　中心力の場では，引力でも斥力でも，r と a とは同方向ですから，外積は $\overset{\text{ゼロ}}{\mathbf{0}}$ となります．したがって，面積速度は一定です．これを，面積速度一定の法則といいます．面積速度が一定であるということは，その方向も大きさも変化しないということですから，この運動が面積速度ベクトルと垂直な平面上の運動であることも示しています.

面積ベクトル　　めんせき―　　**area vector**　　［面積］

　平行四辺形の 2 辺のベクトル * を a，b とするとき，a，b に垂直で，大きさがその平行四辺形の面積に等しいベクトルを，$a \times b$ と表します．向きは，右ねじの進む向きです．これを面積ベクトルといいます．また a，b の外積 * ともいいます.

物差し　　ものさし　　**scale**　　［長さ］

　長さをはかるために，刻み目と測定値 * の数字を書き込んだものを「物差し」といいます．直線定規 * の中には，物差しを兼ねたものが見られます.

モル　　**mol**　　［質量］

　グラム分子ともいいます．化学で用いられる質量単位で，記号は mol．物質の分子量を表す数に，単位グラムを付けたものです．例えば，酸素は O_2 ですから，分子量は $2 \times 16 = 32$ です．したがって，酸素の 1 モルは 32g です．どの物質でも，1 モルの中には同数の分子 6.06×10^{23} 個が含まれます.

モルゲン　　**morgen**　　［面積］

　ドイツの面積の単位．1 モルゲンはくびきにつながれた 2 頭の牛が午前中に耕す耕地の広さです．バイエルン地方では，ユッヒェルトと同じです．⇒ ユッヒェルト

217

もん

文 もん ［長さ］

寛永通宝の1文銭の直径で，1文はおよそ8分*（24mm）です．足袋の長さをはかりました．

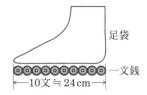

匁 もんめ ［質量］

尺貫法*の質量の単位．1文銭の質量に由来します．古くは銭（セン）と呼ばれ，匁という字は「泉」の草書体からきているといわれています．中国語圏では，現在も銭（チェン）を用います．1匁は1貫*の1/1,000で，3.75gです．

ヤード　yard　[長さ]

ヤード・ポンド法*の長さの単位．記号は yd．1yd＝3 フィート*＝36 インチ*＝0.914440m です．現在，アメリカ，イギリスをはじめ，主要国のヤードは一致しています．

ヤード・ポンド法　yard-pound system　[はかる]

長さの基本単位をヤード*，質量の基本単位をポンド*とする計量単位系で，主として，イギリス，アメリカで用いられます．日本では，通例「ヤード・ポンド法」と書きますが，日本における計量の基準を定めた計量単位令（平成 25 年）では，中黒（・）抜きの「ヤードポンド法」を用います．

イギリスでは 1824 年に基本が定められ，当時の大英帝国を構成する各地で用いられたことから，帝国単位（Imperial units）と呼んでいます．アメリカでは米国官用単位（United States customary units）と呼んでいます．イギリスとアメリカでは，多少差がありますが，現在，1 インチ*は共通の 2.54cm を用いています．ヤードも共通です．

イギリスの単位は，古代ローマ，カロリング朝，サクソン人の単位を受け継いでおり，ほとんどの単位は 1066 年のノルマン・コンクエスト以降に採用されています．長さの単位は，ほとんど変わっていません．

ヘンリー3 世あるいはエドワード 1 世が，職人用のフィートを農業用のフィートに変え，長さが 10/11 になったために，長さの単位であるロッド（rod）が，15 フィートから 16.5 フィートとなりました．ロッドは変わっていないのですが，フィートが短くなったために測定値*が大きくなりまし

た．ヤードとチェーン*は，イングランド由来です．ロッド（rod），ポール（pole），パーチ（perch）は，どれも竿や杖など棒状の物の意味で，測量のために用いた棒（日本でいう「間竿」）の長さに由来します．かつては，4分の1チェーンの長さの金属製の棒が土地の測量に用いられていました．1ロッド＝1／4チェーン＝5.5ヤード＝5.0292mです．

　イギリス以外のヨーロッパ諸国は，早々とメートル法*に移行したために，現在，主要国でヤード・ポンド法を用いるのは，イギリスとアメリカだけとなっています．

ヤード毎秒　—まいびょう　**yard per second**　［速さ・速度］

　ヤード・ポンド法*による速さの単位．1秒について1ヤード移動する速さです．記号はyd/s.

ヤード毎秒毎秒　—まいびょうまいびょう　**yard per second per second**　［加速度］

　ヤード・ポンド法*による加速度の単位．1秒について1ヤード毎秒だけ加速する加速度です．記号はyd/s^2.

ヤール　**yard**　［長さ］

　布地（織物）の長さや幅をはかる単位．ヤードと同じですが，布地に対してのみ日本ではヤールという呼び方を用いています．⇒ヤード

龠　やく　［体積］

　中国漢代（前202 - 220）の体積の単位．龠は，黄鍾という鐘のCの音をだす竹笛です．秬黍が1,200粒入るので，その体積を1龠といいます．9.9212mℓと考えられます．2龠が合，10合を升としました．

220

ユカワ

薬用ポンド　やくよう―　**apothecaries' pound**　［質量］

ヤード・ポンド法*の質量の単位．グレーン*の 5760 倍，373.24177g です．記号は 1b.ap.　⇒ポンド

ユークリッド　**Euclid**　［人名］

⇒エウクレイデス

誘導単位　ゆうどうたんい　**derived unit**　［はかる］

メートル法には，CGS 単位系*と MKS 単位系*があります．これらは，長さと質量と時間を定義しています．前者ではセンチメートル（cm），グラム（g），秒（s），後者ではメートル（m），キログラム（kg），秒（s）が，基本単位です．

面積は cm^2，m^2 のように，基本単位から導かれます．速度は，m/s や km/h のように，長さと時間の基本単位を組み合わせて作ります．このように，基本単位を組み合わせて作った単位を，誘導単位といいます．⇒基本単位

有理数　ゆうりすう　**rational number**　［はかる］

ratio は，ラテン語で比を意味します．整数の比として表される数を，有理数といいます．整数と分数が有理数です．

ユカワ　**yukawa**　［長さ］

原子物理学で用いられる長さの単位で，記号は Y．1 ユカワは 10^{-13}cm です．日本で最初のノーベル賞を受賞した物理学者・湯川秀樹（1907-1981）に由来します．

221

ユゲルム　jugerum　［面積］

　古代ローマの面積単位．くびきを表すギリシア語ジュゴン（ζυγον）が語源です．1ユゲルムはくびきにつながれた2頭の牛が午前中に耕す耕地の広さで，0.622エーカー*，25.2アール*にあたります．くびきのことを英語でyokeといいます．

ユッヒェルト　juchert　［面積］

　ドイツの面積単位で，タークヴェルクと同じです．⇒タークヴェルク

ユリウス日　―じつ　jurian day　［時間］

　紀元前4713年1月1日から数えた日数をいいます．紀元1599年まではユリウス暦，1600年以後はグレゴリオ暦によります．2017年7月5日のユリウス日は2,457,940日です．

ヨージャナ　yojana　［長さ］

　古代インドの長さの単位．牛車の1日行程といわれます．アールヤバタ（476-550頃）の著した『アールヤバティーヤ』によると，1ヌリ*（186cm）の8,000倍が1ヨージャナとなっているので，1ヨージャナは14.88kmとなります．この書では地球の直径を1,050ヨージャナとしていますから，地球の直径は15,624kmで，地球の周は49,084kmとなります．真の値40,000kmとの誤差は22.7％ほどになります．

　アレクサンドリアにあったムセイオン（学堂）の館長をしていたエラトステネス（前275-前194）は，地球の周を計算して44,750kmとしています．誤差は12％ほどです．アールヤバタがこの値を知らなかったことがわかります．

吉田光由　　よしだみつよし　［人名］

　京都の豪商角倉家の一族の和算家です．角倉了以は外祖父．和算家毛利重能に師事しています．漢学者角倉素庵に，中国の程大位の『算法統宗』（1592）の手ほどきを受け，1628（寛永5）年，著書『塵劫記』を出版．ベストセラーになり版を重ねました．

　この本の内容には19の項目があります．そのなかの第6に「九九の数」の項目があります．九九は中国に始まり日本に伝わりました．古くは「九九八十一」から呼びはじめられたので，九九と呼ばれるようになりました．日本の『口遊』，『拾芥抄』に載せられた九九表は，すべて「九九八十一」から始まります．『塵劫記』の刊行の少し前，この九九と「二二が四」から始まる九九とが共存していたことは，ロドリゲスの『日本大文典』に明記されています．

　現在，「二二が四」，「二三が六」，「二四が八」という言い方に「が」を入れるのは，積がひと桁の場合です．「二五　十」の場合は「が」を入れません．多くの九九は十の位から算盤の珠を動かしますが，「が」が入ると十の位の珠を動かしません．つまり，「が」は計算上必要があったのです．『塵劫記』の時代には，まだこの習慣は固定していなかったという識者もいます．

ら行

ラジアン radian ［角・角度］

円の半径の長さに等しい円弧に対する中心角の大きさを，1ラジアンといいます．記号はrad．1ラジアンは，57度17分44.806……秒です．360°＝2πrad です．弧度ともいいます．⇒弧度

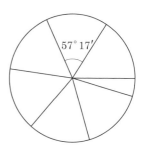

ラジアン毎秒 —まいびょう radian per second ［角速度］

毎秒1ラジアンの速さで回転する角速度で，記号はrad/s．

ラジアン毎秒毎秒 —まいびょうまいびょう radian per second per second ［角加速度］

1秒につき1rad/sだけ加速する角加速度で，記号は，rad/s^2．

ラド rad ［仕事・エネルギー］

吸収線量の単位．記号はrad．放射線の照射により，放射性粒子（α粒子，陽子など）によって，1/100ジュール*のエネルギーが与えられた時の吸収線量です．

ランキン William John Macquorn Rankine（1820-1872） ［人名］

エディンバラ生まれのイギリスの物理学者，土木工学者．小さい頃，鉄道

り

技師の父の背中を見て育ちました．1836年にエディンバラ大学に入学，フォーブス教授（自然哲学）のもとで勉強し，「光の波動理論」で金メダルを受賞しました．卒業後，技師として鉄道の仕事に関わりました．研究活動にも怠らず，1843年，土木学会に「車軸の疲労破壊に関する論文」を提出しました．当時，車輪の車軸が折れるのは，鍛鉄の結晶組織の欠陥が原因であるという考え方が主流でした．ところがランキンは，原因を車軸の品質に求めるのではなく車軸の形状に原因があると指摘しました．応力集中の問題に焦点を当てたのが，卓越した考察でした．1855年から終生，グラスゴー大学の欽定教授（Regius professor）の任にあたりました．

　物理学者としては熱力学の分野で業績を残しました．長らく主流であった熱素説を否定し，「エネルギー」の用語と概念を導入しました．ほぼ同時期のトムソン（ケルヴィン*卿），クラウジウスと並んで，熱力学の基礎を作った人物だと評価されています．温度の単位「蘭氏」（ランキン度*）は彼の名前にちなみます．機械工学ではランキンサイクル，土木工学ではランキン土圧論を確立しました．教育にも熱心で，『応用力学必携』など教科書の上梓も少なくありません．日本とも深い関係があり，ヘンリー・ダイアーを工部大学校に都検（実質的な校長）として推薦しました．

ランキン度　―ど　Rankine scale　［はかる］
　温度の単位．蘭氏温度ともいいます．記号は°R．絶対零度を0としている点では，ケルビン*と同じです．

厘　り　［はかる］
　吉田光由*著『塵劫記』のなかの小数の1つ．1/100です．「りん」ともいいます．

225

り

里 り ［長さ］ (1)

日本の尺貫法*に基づく距離の単位.

1 里＝36 町＝12,960 尺＝43,200/11m≒4km となります.

街道に旅人の目印として，一里毎に土盛りした塚を設けました．本格的に整備されたのは江戸時代で，塚のそばには旅人が休憩できる茶屋が作られました．室町時代の一休は「門松は　冥土の旅の一里塚　目出度くもあり　目出度くもなし」

一里塚の一例

（正月の門松は旅の道程の一里塚のようなもので，門松を立てるたびに，ひとつ年を取るということでもあり，人生という旅の終わりに近づいていくということでもあるのだ．正月はめでたいけれども，冥途に 1 歩近づく日でもあり，めでたくない日でもあるのだ）という歌を詠んでいます.

里 り ［長さ］ (2)

古代中国，周代の 1 里は，405m でした．漢代の天文書『周髀算経*』には，「陽城では夏至の日に高さ 8 尺の髀（ノーモン）の影が 1 尺 6 寸であった．陽城の 1,000 里南では 1 尺 5 寸であった．これを『1 寸千里の法』という」と書かれています．陽城での太陽の天頂角は 11.31°，1,000 里南での太陽の天頂角は 10.62°で，その差は 0.69°であり，

　　　360÷0.69＝521.74

です．地球の周は 40,000km ですから，

　　　521.74×1,000 里＝40,000km

1,000 里はおよそ 76.7km，1 里は 76.7m となります（谷本茂『数理科学』〔1978〕による）.

りっぽう

厘　りー　［長さ］
　古代中国の長さの単位．分（フェン）の 1/10，毫（ハオ）の 10 倍です．
市制では 0.333mm，旧制では 0.320 mm です．

厘　りー　［面積］
　古代中国の面積の単位．畝（ムー）の 1/100，分（フェン）の 1/10，毫
（ハオ）の 10 倍です．市制では 6.667m^2，旧制では 6.144m^2 です．

力率　りきりつ　**power factor**　［仕事・エネルギー］
　エネルギー（仕事）または仕事率が正弦関数で表される 2 つの量の積で
与えられるとき，両者の位相差を ϕ として，$\cos\phi$ を力率といいます．

リッター　**liter，litre**　［体積］
　⇒リットル

立体角　りったいかく　**solid angle**　［立体角］
　ある図形を，離れた 1 点から見込む角を，立体角といいます．

リットル　**liter，litre**　［体積］
　体積の単位．1 辺の長さが 10cm の立方体の体積です．記号は ℓ（小学校
では L と教えています）．立方デシメートルともいいます．その場合の記号
は dm^3 です．1 リットルは 1,000 ミリリットルです．

立方　りっぽう　**cube**　［はかる］
　同じ数，または同じ量を，3 つ掛け合わせたものを，立方といいます．3
乗ともいいます．

227

りっぽうインチ

立方インチ　りっぽう—　cubic inch　［体積］

各辺が 1 インチ*の立方体の体積．1 立方インチは 16.387mℓにあたります．

立方キュービット　りっぽう—　cubic cubit　［体積］

古代エジプトの体積の単位．ルーブル博物館にあるアメノフィス 1 世のキュービット*は，52.5cm．したがって，1 立方キュービットは 144.7ℓにあたります．

立方尺　りっぽうしゃく　［体積］

尺貫法*の体積の単位で，各辺が 1 尺の立方体の体積です．1 立方尺は 27.8265ℓにあたります．

立方寸　りっぽうすん　［体積］

尺貫法*の体積の単位で，各辺が 1 寸*の立方体の体積です．1 立方寸は 27.8265mℓにあたります．

立方センチメートル　りっぽう—　cubic centimeter　［体積］

各辺が 1cm の立方体の体積．1 立方センチメートルは 1mℓにあたります．記号は cc，cm^3．cc は cubic centimeter の略で，1cc＝$1cm^3$ です．

立方デカメートル　りっぽう—　cubic dekameter　［体積］

各辺が 1 デカメートルの立方体の体積．記号は dam^3．1 立方デカメートルは 1,000 立方メートルにあたります．

立方フート　りっぽう—　cubic foot　［体積］

各辺が 1 フート*の立方体の体積．1 立方フートは 28.31685ℓにあたり

ます．記号は ft^3 または cu.ft.

立方歩　りっぽうぶ　[体積]

中国の体積の単位．一辺が 1 歩（ぶ）の立方体の体積です．単に歩と表すこともあります．

立方ミリメートル　りっぽう―　cubic millimeter　[体積]

各辺が 1mm の立方体の体積．記号は mm^3．1 立方ミリメートルは 1/1,000mℓ にあたります．

立方メートル　りっぽう―　cubic meter　[体積]

各辺が 1m の立方体の体積．記号は m^3．1 立方メートルは 1,000ℓ にあたります．

両　りょう　[質量]

古代中国の質量の単位．『漢書』律暦志では，24 銖（しゅ）を両としています．黄鍾律管（こうしょうりっかん）*という笛の中に秬黍（くろきび）が 1,200 粒入り，その質量を 12 銖としたといいます．それを 2 つ合わせたので両と呼ぶのです．唐代にこの 3 倍の大両ができ，日本に伝わりました．一両は約 36g です．

リンドのパピルス　Rhind's papyrus　[書名]

⇒アーメスのパピルス

ルーメン　lumen　[光]

国際単位系*における光束の単位．1 カンデラ*の一様な光度の点光源が，立体角 1 ステラジアン*内を照らす光束で，記号は lu です．ルーメンはラテン語で「昼光（ちゅうこう）」を意味する語に由来しています．

229

ルクス

ルクス　lux　[光]

　国際単位系*における面の明るさを表す単位．1m² の面積に 1 ルーメン*の光束が一様に照らしているときの照度*で，記号は lx です．ルクスは，ラテン語の「光」を意味する語に由来しています．

零　れい　[数える]

　数字の 0 のこと．0 個といえば，そのものが存在しないことを表します．205 と書けば 10 の位に数が存在しないことを表します．このような 0 を，空位の 0 といいます．空位の 0 は，バビロニアにもマヤにもありました．バビロニアの空位は，楔が斜めになったものや，楔が左右にずれたものなど，いくつかの書き方があったようです．

バビロニアの 0　　マヤの 0

　628 年にインドのブラフマーグプタが著した 20 巻の『ブラーマ・スプタ・シッダーンタ』（ブラフマー神啓示による正しい天文学）の 18 巻で，0 に関する計算方法を述べています．数としての 0 が，歴史の舞台に登場したのです．

　インドの天文学者ゴウタマシッダルタ（中国名：瞿曇悉達）が 718 年から 729 年にかけて著した『開元占経』の中では，「毎空位處恆安一点」，つまり，空位のところに点を置くと書かれています．零の記号は「・」であったことがわかります．

　歴史上，初めて記号 0 が現れるのは，インド北部のグワリオールから出土した壁面の銘板で，876 年とされていました．セデス（George Coedes）は，カンボジアでシャカ暦 605 年（西暦 683 年）が，スマトラでシャカ暦 608 年（西暦 686 年）が，それぞれ図のように表されていたことを明らかにしました（J. ニーダム『中国の科学と文明』）．

零は，空虚を表すサンスクリット語スーニャで呼ばれていましたが，アラブに入って，アル・スィフルとなり，ラテン語のゼフィルム，ゼフィロを経てゼロとなりました．一方，アル・スィフルから，アル・サイファー，サイファーとなったようです．

フィボナッチは『算板の本』（1202年）の中で，「インド人の用いた九つの記号は 9，8，7，6，5，4，3，2，1 である．これらと，アラビア人が『zephirum』（暗号）と呼んだ 0 を用いれば，どんな数も表せる」と書いています．

漢字の零は，もともと「雨のしずく」という意味で，雨のしずくが 0 と姿が似ているところからゼロを表すことになったようです．

列氏温度目盛り　　れっしおんどめもり　　Reaumur temperature scale　　[はかる]

温度目盛りの1つ．水の氷点を列氏 0°，沸点を列氏 80° とし，その間を 80 等分したものです．

レム　　rem　　[仕事・エネルギー]

生体実効線量の単位です．roentgen equivalent man に由来します．生体に吸収された放射線が，1 ラド*の X 線が吸収された場合に生ずる効果と等しい効果を示す時の線量です．

漏刻　　ろうこく　　[時間]

中国伝来の水時計です．日本では斉明天皇6（660）年5月，中大兄皇子（後の天智天皇）が初めて漏刻を作って時を知らせ，天智天皇10（671）年4月25日（現行暦の6月10日にあたる），漏刻を新天文台に据え，鐘や鼓で時を報じたと『日本書紀』に記されています．

滋賀県の近江神宮にある漏刻

231

2〜4段の水槽を置き，いちばん上部の水槽に水を満たし，管によって順々に水を下段の水槽に送り込みます．最後の水槽に目盛り付きの浮き子があって，その浮き沈みで時刻を知ったと推定されています．

六十進法　ろくじっしんほう　sexagesimal scale　［はかる］

60ごとに繰り上がる数の記述法です．歴史は古く，バビロニアで60進数が用いられ，エジプト，ギリシアなどに伝わりました．時間，角度などに用いられています．時間に関しては1時間は60分，1分は60秒．角度に関しては円は360度，1度は60分，1分は60秒です．

ロバーヴァル機構　Roberval balance　［はかる］

重さをくらべるとき，支点が1つのシーソーのような方式では，支点からの距離が同じでなければ同じ重さの物でもバランスが取れません．昔の天秤は上から吊り下げる構造でしたが，それは吊り下げ式にしないとバランスを取ることが難しかったからです．

測定物の位置が偏っていると，つり合わない．

一本棒の上皿天秤

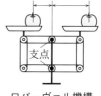

測定物の位置が偏っていても，つり合う．

ロバーヴァル機構

これを解決したのはフランスの数学者G. P. ロバーヴァル（Gilles Personne de Roberval, 1602-1675）でした．彼が1669年に考案したロバーヴァル機構により，秤は上部に皿を付けた上皿式へと発展しました．

ロバーヴァル機構は左右の皿を支えている2本の柱とその柱をつなぐ上下2本の横棒が自由に動くことにより形成される平行四辺形で，2つの支点を持ち，上皿の試料の位置に関係なくバランスをとることができます．

わ行

ワット watt 〔電気・磁気〕

MKS 単位系*の工率，電力の単位．1 秒間に 1 ジュール*の仕事をする工率です．記号は W．電力では，1 ボルト*の電圧において，1 アンペア*の電流によって 1 秒間に消費される電気量をいいます．蒸気機関を発明したイギリスの技術者ジェームズ・ワット*に由来します．

ワット James Watt（1736-1819） 〔人名〕

スコットランド中部グリーノック生まれのイギリスの発明家，機械技術者．中学校を卒業後，ロンドンで機械工の年期奉公で技術を身に着け，1756 年，グラスゴーに戻りました．グラスゴー大学専属の機械精密工になり，T. セヴァリーや T. ニューコメンの蒸気機関の模型などの修理をしました．ニューコメンの機関の熱効率の悪さに気づき研究を重ね，1765 年，復水器を取り付けた蒸気機関を発明しました．

当時，鉱山の排水のためニューコメンの大気圧機関があったのですが，効率の悪いものでした．実業家 M. ボールトンの協力もあり，蒸気機関の発明をすることができました．蒸気機関の能力を示す「馬力（horse power）」は，製品を売り出すため，ボールトンと一緒に考案した名称です．

クラスゴー大学では J. ブラック教授，経済学者のアダム・スミスと知遇を得，さまざまな知識を受けたといいます．仕事率の基本単位ワット（W）は，彼の名にちなんでいます．

233

ワットじ

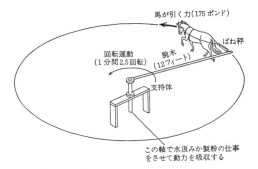

ジェームズ・ワットの馬の動力測定装置

ワット時 —じ　watt hour　［電気・磁気］

　仕事率（工率）1ワット*で1時間にする仕事，あるいはそれと等しいエネルギーをいいます．記号はWh．電力をはかるのに用います．1Wh＝3.6×10³ジュール*です．

付　録

- ■記号一覧　236

- ■いろいろな助数詞　239

- ■日本の命数法　248

- ■SI 基本単位・SI 接頭語　249

- ■ギリシア文字　250

- ■いろいろな長さ〔L〕　251

- ■いろいろな質量〔M〕　252

- ■いろいろな時間〔T〕　253

付　録

記号一覧

【A-Z】

A	アンペア	dam^3	立方デカメートル
A	アンペア回数	dB	デシベル
a	アール	deg	デグリー
Å	オングストローム	$d\ell$	デシリットル
ac	エーカー	dm	デシメートル
Ah	アンペア時	dm^3	立方デシメートル
atm	気圧	dpi	ディーピーアイ
AU	天文単位距離	dyn	ダイン
B	ビー（鉛筆）	E	アインシュタイン
B	ベル	erg	エルグ
bar	バール	F	エフ（鉛筆）
bbl	バーレル	F	ファラッド
Bq	ベクレル	F	フェルミ
C	キャンドル	℉	カ氏温度目盛り
C	クーロン	ft	フィート（フート）
c	サイクル	ft^3	立方フート
c	センチ	G	ガウス
℃	セ氏温度目盛り	G	ギガ
c/s	サイクル毎秒	g	グラード
cal	カロリー	g	グラム
cc	立方センチメートル	g	ジー
cd	カンデラ	Gal	ガル
cg	センチグラム	gal	ガロン
Ci	キュリー	GB	ギガバイト
cm	センチメートル	GHz	ギガヘルツ
cm/h	センチメートル毎時	gr	グレーン
cm/min	センチメートル毎分	gw. g重	グラム重
cm/s	センチメートル毎秒	gw/cm^2, $g重/cm^2$	グラム重毎平方センチメートル
cm/s^2	センチメートル毎秒毎秒	Gy	グレイ
cm^2	平方センチメートル	H	エッチ（鉛筆）
cm^3	立方センチメートル	H	ヘンリー
cmHg	水銀柱センチメートル	h	ヘクト
cpm	カウント	ha	ヘクタール
ct	カラット	$h\ell$	ヘクトリットル
cu.ft, ft^3	立方フート	HP	馬力
d	デシ	hPa	ヘクトパスカル
da	デカ	Hz	ヘルツ
		in	インチ

236

記号一覧

in^2	平方インチ		Mdyn	メガダイン
in^3	立方インチ		mg	ミリグラム
inHg	水銀柱インチ		mHg	水銀柱メートル
J	ジュール		MHz	メガヘルツ
k	キロ		mi, mil	マイル
K	ケルビン		MiB	メビバイト
K	絶対温度		mil^2	平方マイル
K	熱力学温度		min	分（時間）
KB	キロバイト		ml, m ℓ , mL	ミリリットル
kcal	キロカロリー		mm	ミリメートル
kg	キログラム		mm^3	立方ミリメートル
kgw, kg重	キログラム重		mmHg	水銀柱ミリメートル
kgw/cm^2,kg重/cm^2	キログラム重毎平方センチメートル		mol	モル
kHz	キロヘルツ		mph, mile/h	マイル毎時
kl	キロリットル		mSv	ミリシーベルト
km	キロメートル		Mx	マクスウェル
km/h	キロメートル毎時		n	ナノ
km/min	キロメートル毎分		N	ニュートン
km/s	キロメートル毎秒		N・m	ニュートンメートル
km^2	平方キロメートル		nm	ナノメートル
kn, kt	ノット		nt	ニト
kWh	キロワット時		oz	オンス
ℓ , L	リットル		p	ピコ
l.y.	光年		Pa	パスカル
lb	ポンド		pc	パーセク
lb.ap	薬用ポンド		pg	ピコグラム
lu	ルーメン		phon	フォン
lx	ルクス		pk	ペック
M	マグニチュード		ppm	ピーピーエム
M	マッハ		PSh	馬力時
m	ミリ		pt	パイント
m	メートル		qt	クォート
M	メガ		°R	ランキン度
m/h	メートル毎時		rad	ラジアン
m/min	メートル毎分		rad	ラド
m/s	メートル毎秒		rad/s	ラジアン毎秒
m/s^2	メートル毎秒毎秒		rad/s^2	ラジアン毎秒毎秒
m^2	平方メートル		rem	レム
m^3	立方メートル		s	秒（時間）
Ma	マッハ		sr	ステラジアン
MB	メガバイト		st	ストーン
mbar, mb	ミリバール		Sv	シーベルト

237

付　録

T	テラ
t	トン
t・km	トンキロ
th	テルミ
torr	トリチェリ
V	ボルト
W	ワット
Wb	ウェーバー
Wh	ワット時
Y	ユカワ
yd	ヤード
yd/s	ヤード毎秒
yd/s^2	ヤード毎秒毎秒

【ギリシア文字】

Γ	ガウス
γ	ガンマ
μ	マイクロ
μ Ci	マイクロキュリー
μ g	マイクログラム
μ m	マイクロメートル
μ rem	マイクロレム
μ s	マイクロ秒
μ Sv	マイクロシーベルト
Ω	オーム

【その他】

′	分（角度）
″	秒（角度）
°	度（角度）
°/s	度毎秒
$°/s^2$	度毎秒毎秒
%	パーセント
‰	パーミル

いろいろな助数詞

いろいろな助数詞

助数詞	読み	数えるものの例	補足
位	い	順位, 品物の等級など. 霊. 古くは位階勲等などを表した(「正一位稲荷大明神」など).	霊は「柱(はしら)」とも.
枝	えだ・し	枝	花, 実などの付いた枝を雅語的に使う[例:「牡丹ひと枝」「雉一枝たてまつらせたまふ」『源氏物語』(行幸)]. 花などがない場合,「本」で数える.
折	おり	菓子折り, (印刷物の)丁合(ちょうあい)	丁合の場合, 一折は16ページ.
日	か	日数	三日(みっか), 三日月(みかづき), 十日(とおか)
果	か	果物	「菓(か)」とも. 木になっている果実の場合は「顆(か)」.
架	か	衣桁(いこう), 屏風	屏風は「台(だい)」とも. 2架の屏風は「双(そう)」.
荷	か	荷物	もともと天秤棒の前後に下げる荷物の数. ひとりの肩に担える分量. 天秤に, 桶を2つぶら下げて運ぶ, この重量が, 一荷.「一荷二桶十六貫(いっか　ふたおけじゅうろっかん)」といわれた. [例:一荷入りの小さい方はいくらだ(落語「壺算」)]
菓	か	果物	「果(か)」とも. 木になっている果実の場合は「顆(か)」. 実っているのが果実, 食卓にあるのが果物.
顆	か	果実, 宝石	食べものとしての果物の場合は「果(か)・菓(か)」宝石は「粒(つぶ)」とも. 木になっている果実.
回	かい	繰り返し[1回目, 2回目], 回転数, 連載小説	「回」は「度」に置き換えることが少なくないが, 意味が異なる.「度」は「回」にくらべると予測しにくい行為を数えるニュアンスがある[例:仏の顔も三度まで].
階	かい	建物のフロアー(ゆか)[3階売り場, 5階建てビル]	階は「きざはし」と読み, もともとは階段, 梯子(はしご)の意味.
画	かく	漢字の筆運び	「田」の字は5画,「香」は9画.
掛	かけ	襟	
ヵ月・ヶ月	かげつ	月	
籠	かご	籠に入れたもの(果物など).	

239

付　録

助数詞	読み	数えるものの例	補足
重ね	かさね	重なったもの(餅,衣類など).	
頭	かしら	エビ,烏帽子	エビは「尾(び)」とも.
ヵ年・ヶ年	かねん	年	
株	かぶ	根のついたもの(植木など),株券,株式,寄合仲間	株式の株は「切り株」の語源が有力.英語の"stock"にも「切り株」説がある.
叺	かます	炭,ジャガイモ,砂糖,塩など	叺は,国字.藁,筵(むしろ),布などの方形の袋.藁むしろを2つに折って閉じた袋で,この袋に入っている状態のもの.布製もあった.現在は「袋」.
缶	かん	缶に入ったもの(粉ミルク,ドロップなど)[缶詰ひと缶].	
巻	かん	巻物,書籍(複数冊でひとまとまりのものの1つ),映画のフィルムや音響用テープなど	映画のフィルムや音響用テープなどは「本(ほん)」とも.
貫	かん	握り寿司	「貫」の由来は,当時の寿司の大きさが一文銭千枚で一貫のかさと同じとなるところから.
基	き	据え置くもの(鳥居,石灯籠,石碑,墓石,井戸,塔婆,神輿,原子力発電所,ミサイルなど)	井戸は「本(ほん)」とも.
期	き	期間,卒業年度[例:一期生]	
機	き	航空機(飛行機,ヘリコプターなど[例:5機編隊])	
騎	き	騎馬・騎兵,馬に乗った人	騎は「馬に乗る」意と「馬に乗った兵士」の意がある.[例:「木曽すでに北国より五萬余騎で攻め上り,比叡山東坂元に充ち満ちて候」『平家物語』]騎士,ナイト.競馬の騎手.
客	きゃく	茶碗やカップ,湯飲みなどの食器で一揃いになっているもの	客用の道具・器などを数えるのに用いる.[例:5客セットの茶碗]
脚	きゃく	椅子,机	机は「台(だい)」・「卓(たく)」とも.
級	きゅう	活字の大きさ,(資格の)等級	活字の8級は5.5ポイント,12級は9ポイント,14級は10ポイントなど.語学の検定などで1級,2級など.
行	ぎょう	文字の並び	「行(くだり)」とも.
曲	きょく	楽曲	
局	きょく	囲碁や将棋の対局	「番(ばん)」とも.
切れ	きれ	切ったもの(魚の切り身,ようかん,たくあん,カステラなど)	切る前の羊羹は「棹(さお)」・「本(ほん)」.
斤	きん	食パン	食パンの1山.現在は約400g.もともと1斤は160匁(600g).1ポンドを元にした.

240

いろいろな助数詞

助数詞	読み	数えるものの例	補足
口	く	壺	壺は「口(こう)」・「壺(こ・つぼ)」とも.
具	ぐ	印籠	
躯	く	仏像	「体(たい)」とも.
区画	くかく	墓所,住宅地	
串	くし	串に刺したもの(焼き鳥,団子など)	丸串が主流だが,火縄銃の形に似た鉄砲串がある.
行	くだり	(文章の)行[例:三行半(みくだりはん)]	「行(ぎょう)」とも.
口	くち	口座,食事,口を開く回数[例:一口サイズ],刀剣	刀剣は「振(ふり)・腰(こし)・剣(けん)・刀(とう)・口(ふり)」とも.
件	けん	事件,事故,案件など[例:一件落着]	
軒	けん	家屋[例:一軒家]	「戸(こ)・棟(むね・とう)」とも.軒は独立した戸建ての家.棟はマンションなど,複数多数の住宅の集合体.戸は戸建ての家にもマンションの一宅にも使う.分かりやすく言えば,玄関のドアの数が戸の数.長屋でない戸建ての家.
剣	けん	刀剣	「振(ふり)・腰(こし)・口(くち)・剣(けん)」とも.
戸	こ	世帯,家[例:一戸建て]	マンションの場合は一宅を指す[例:100戸の大規模マンション].家は「軒(けん)・棟(むね・とう)」とも.→軒
個	こ	個体(リンゴ,ジャガイモ,石ころ,はんこなど)	個は「1つ」という意味.[例:個人].
壺	こ	壺	「口(く・こう)・壺(つぼ)」とも.
口	こう	壺	「口(く)・壺(こ・つぼ)」とも.
行	こう	銀行	
号	ごう	活字の大きさ,絵画の大きさ,雑誌の発行番号.	3号活字は16ポイント,5号活字は10.5ポイント,6号活字は8ポイントなど.絵画は号数が大きいほど大きくなる.
腰	こし	刀剣	「振(ふり)・口(くち)・剣(けん)・刀(とう)」とも.
輿	こし	米俵	「俵(ひょう)」とも.
齣	こま	映画,漫画などの1場面[例:1コマ漫画]	「シーン」とも.
献	こん	宴	「席(せき)」とも.
献	こん	酒	酒杯をさしたり,食事をすすめる回数.相手の盃にさす回数.
喉	こん	魚	「匹(ひき)・尾(び)」とも.
座	ざ	神(特定の場所に祀られている場合),劇団.	神は一般には「柱(はしら)」.

付　録

助数詞	読み	数えるものの例	補足
棹	さお	箪笥,長持,三味線,羊羹	箪笥は棹に吊るして運搬することから.三味線などのように長いものにも使う.
匙	さじ	調味料	もともとは薬剤をはかった.「匙を投げる」は治療の方法がないことの意.「匙」の音は「し」.「茶匙(さし)」がなまって「さじ(匙)」になる.いま小匙と呼ばれるものがそれ.およそ2〜5g.大匙はその3倍.
冊	さつ	綴じたもの(書籍,冊子,ノートなど)	書籍になった場合は,冊と部も同じ.ただし,「その書籍が何冊発行されたか」という場合には,慣例として「部数」が使われる.また,例えばポスターを販売するために1000枚印刷したとき,これを「1000部」と呼ぶが,「1000冊」とは数えない.
皿	さら	皿に盛ったもの(料理など)	
氏	し	氏名,人数[例:著名三氏の鼎談]	
次	じ・つぎ	度数,回数[例:第2次世界大戦]	「宿」という意もある[例:東海道五十三次].
シーン	しーん	映画などの場面[例:映画のワンシーン]	「齣(こま)」とも.
品	しな	料理	「品(ひん)」とも.
首	しゅ	和歌[例:百人一首],詩文	「首」は,もともと漢詩などの意.
種	しゅ	種類[例:三種の神器]	共通の性質を持つものの集まりが種.種の集まりが類,最大の類をカテゴリーという.類を種に分けることを分類という.種と類を合わせて種類という.種類の数を数える言葉が種である.
床	しょう	ベッド	
条	じょう	帯,矢,槍.川,(法律の)条文.	矢は「本(ほん)」とも.矢2本で「手(て)」.槍は「本(ほん)・筋(すじ)」とも.帯は「筋(すじ)」とも.
帖	じょう	海苔(10枚),半紙(20枚),美濃紙(48枚)	帖は薄いものを張り合わせる意.
畳	じょう	畳[例:6畳の間]	4.5畳,6畳,8畳が主流.「帖」とも.
錠	じょう	薬(錠剤)	
筋	すじ	帯,槍	帯は「条(じょう)」とも.槍は「本(ほん)・条(じょう)」とも.
石	せき	時計,半導体素子(トランジスタ,ダイオードなど)	時計の摩耗を防ぐためルビーを入れたことから.現在では人工サファイア.

242

いろいろな助数詞

助数詞	読み	数えるものの例	補足
隻	せき	船(艦船,艦艇など比較的大きなもの)	もとは,屏風のように対になっている物の片方を指した.隻眼.
席	せき	宴,落語寄席	宴は「献(こん)」とも.
戦	せん	戦い	スポーツの試合など.
膳	ぜん	(一対の)箸,ご飯	ご飯は「杯(はい)」とも.
双	そう	一並びのもの,屏風(2架)	1架の屏風は「台(だい)・架(か)」.
艘	そう	船(帆掛舟など),ヨット,ボートなど[例:「二百余艘の舟の中に,唯五艘出でてぞ走りける」『平家物語』]	艘は隻よりも比較的小さいもの.2つが組になったものです.
足	そく	両足につける1対のもの(靴,靴下,足袋など)	例:「二足の草鞋(わらじ)を履く(両立し得ないような2つの職業を1人ですること)」.
束	そく	束ねたもの(稲,野菜,線香など)[例:「束稲春得米五升也」(1束の稲をつくと5升を得る)『令集解』]	稲は3尺の縄で縛ったものをいい,また10把を1束といいます.
尊	そん	地蔵	
ダース	だーす	鉛筆(12本で1セットの場合)	英語でdozen.12個詰めの1箱,または1パックを1ダースという.ダズンがなまったもの.「打」と表記することもある.
体	たい	仏像,人体模型,遺体,遺骨	仏像は「躯(く)」とも. 遺骨は「柱(はしら)」とも.
代	だい	世代,名跡 [例:親子三代,三代目円朝]	
台	だい	車(自動車,自転車,バイク),機械,机,鏡台,屏風など	据え付けられる大きな機械は「基」で数える. 机は「脚(きゃく)・卓(たく)」とも. 屏風は「架(か)」とも.2架の屏風は「双(そう)」.
題	だい	出題数,落語などの演目	
卓	たく	机	「脚(きゃく)・台(だい)」とも.
玉	たま	玉状にしたもの,麺(うどんなど)	麺料理そのものを指す場合は「杯(はい)」.
人	たり	人[例:1人(ひとり),2人(ふたり),3人(みたり),4人(よたり),5人(いつたり)],類人猿	「人(にん)・名(めい)」とも. 類人猿は「頭(とう)・人(にん)」とも.
反	たん	反物	2反の場合は「匹・疋(ひき・むら)」とも.
着	ちゃく	衣類,到着順	
丁	ちょう	書籍のページ(表裏)[例:落丁],一品料理,豆腐,銃,こて(アイロン),鼓,褌	鼓は「張(はり・ちょう)」とも.
挺	ちょう	斧,駕籠,三味線,銃,墨,算盤,はさみ	三味線は「棹(さお)」とも. 算盤は「面(めん)」とも.

243

付　録

助数詞	読み	数えるものの例	補足
帳	ちょう	提灯	「張(はり・ちょう)」とも
張	ちょう	蚊帳, 琴, 提灯, 鼓, テント, 幕, 弓	琴は「面(めん)・張(はり)」とも. 提灯は「張(はり)・帳(ちょう)」とも. 鼓は「張(はり)・丁(ちょう)」とも. テント, 幕, 弓は「張(はり)」とも.
貼	ちょう	薬(紙に包んだ散薬)	
つ	つ	個数	ひとつ, ふたつ, みっつ, ……, とう, とうあまり一つ, とうあまりふたつ, など. 「つ」は9まで. 10以上は「個」などを使う.
対	つい	2個一組のもの, 掛け軸(双幅の場合)	
通	つう	手紙, 書状	手紙は「本(ほん)」とも. 封書の場合は「封(ふう)」とも.
番	つがい	雌雄の対	
包み	つつみ	紙あるいは布に包んだもの	
粒	つぶ	丸薬, 豆, 米, 麦, 宝石など	宝石は「顆(か)」とも.
壺	つぼ	壺	「口(く・こう)・壺(こ)」とも.
手	て	(碁, 将棋で)打つ手, 矢(2本)	矢1本は「条(じょう)・本(ほん)」.
艇	てい	船(ヨット, 競漕ボート, 艦艇など)	
滴	てき	滴り(水, 薬液など)	
度	ど	アルコールの強さ, 回数[例:三度目の正直], 音程	アルコール度数14度というのは, 体積の14%のアルコールを含む. 音程は2音の間に半音が0, すなわち同じ音の場合は1度という. 2音の間に半音が1つ含まれれば, 2度. 2音の間に含まれる半音の数に1を足したものが, 度の数である.
刀	とう	刀剣	
棟	とう	家(長屋・マンション)	家は「戸(こ)・軒(けん)・棟(むね)」とも. →軒
灯	とう	灯り	[例:貧者の一灯]
頭	とう	牛・馬[例:人頭税], 鯨, 類人猿, アリ, 蚕, 蝶などの昆虫	昆虫は「匹(ひき)」とも. 類人猿は「人(にん・たり)」とも.
流れ	ながれ	旗や幟, 吹き流しなどの細長いもの. 川, 文章などにも用いる.	
人	にん	人, 類人猿	「人(たり)・名(めい)」とも. 類人猿は「頭(とう)・人(たり)」とも.
人前	にんまえ	料理	未習得の意の「半人前」にも言う.

いろいろな助数詞

助数詞	読み	数えるものの例	補足
葉	は	(木や草の)葉　[例:一葉(ひとは),二葉(ふたば).四葉(よつば).]	
杯	はい	液体(容器に満たして測るとき),イカ・タコ(食品の場合),うどんなど(料理を指す場合),ご飯など.船(伝馬船,艦艇など).[例:ことわざ「居候(いそうろう)　3杯目には,そっとだし」]	生物としてのイカ・タコは,「匹(ひき)」うどんなどは麺を指す場合は「玉(たま)」. ご飯は「膳(ぜん)」とも.
倍	ばい	数の倍数.[例:大学入試倍率5.6倍(定員100名に応募者560名)]	同じ量をいくつ分足したかを示す数.2倍といえば,同じものを2つ足したことになる.
拍	はく	拍子	
柱	はしら	神,仏,位牌,遺骨,魂,霊	神は特定の場所に祀られている場合は「座(ざ)」. 遺骨は「体(たい)」とも. 霊は「位(い)」とも.
発	はつ	弾丸(発射されたもの),ビンタ(平手打ち[例:ビンタを一発,ぶちかます]),特集記事.	
刎	はね	兜	
腹	はら	鯔(はららご)(たらこ,筋子など,魚の卵塊)	
張	はり	張ったもの.テント,提灯,行灯,和傘,蚊帳,琴,提灯,鼓,幕,弓など.	傘は洋傘の場合は「本(ほん)」. 蚊帳は「張(ちょう)」とも. 琴は「面(めん)・張(ちょう)」とも. 提灯は「張(ちょう)・帳(ちょう)」とも. 鼓は「張(ちょう)・丁(ちょう)」とも. テント,幕,弓は「張(ちょう)」とも.
番	ばん	囲碁・将棋の対局,演能,相撲の取組,順番	囲碁・将棋の対局は「局(きょく)」とも.
尾	び	魚,エビ	魚は「匹(ひき)・喉(こん)」とも. エビは「頭(かしら)」とも.
匹・疋	ひき	獣類,反物(2反),鬼,魚,虫,イカ・タコ(生物の場合),アリなどの昆虫	馬を「引く」から獣類を数える言葉になりました. 反物は「反(たん)」とも.2反の場合は「疋(むら)」とも読む. アリは「頭(とう)」とも 魚は「尾(び)・喉(こん)」とも. イカ・タコは食品の場合は「杯(はい)」.
筆	ひつ	書かれた文章,署名	[例:一筆呈上,火の用心,お仙泣かすな,馬肥やせ(本多重次)]
俵	ひょう	米俵	「輿(こし)」とも.

245

付　録

助数詞	読み	数えるものの例	補足
票	ひょう	投票	
片	ひら	花びら	「片(へん)・枚(まい)」とも.
品	ひん	料理	「品(しな)」とも.
部	ぶ	書類(同じ書類を複数作る場合), 新聞, 本[例:出版部数]	
封	ふう	お年玉など[例:金一封], 手紙(封書)	封書以外の手紙は「通(つう)・本(ほん)」.
服	ふく	薬包, 散薬, 投薬, 煙草をのむ回数	「一服盛る」は, 毒薬を飲ませること. 散薬は「包(ほう)」とも.
幅	ふく	軸物(掛け軸), 掛け物, 絵画	「幅」は織物の横幅の意.
袋	ふくろ	菓子など, 袋詰めされたもの.	袋(たい)もある. [例:セメント一袋(たい)].
房	ふさ	房になったもの(ブドウなど)	
口	ふり	刀剣	刀剣は口(く), 振, 本も使う.
振	ふり	刀剣	「腰(こし)・口(くち)・剣(けん)・刀(とう)」とも.
柄	へい	団扇	
頁	ページ	書籍や書類のページ	
片	へん	切れ端, 花びら	花びらは「片(ひら)・枚(まい)」とも.
遍・返	へん	度数, 回数	「読書百遍(返), 意おのずから通ず」.「三遍回って煙草にしよう」(江戸いろはかるた).
篇	へん	詩, 句, 首, 文章, 小説など	篇は竹簡に記する意. 現在では「編」と表記. 論文, 短編の数, 長い文章を区分けしたもの[例:第1編].
包	ほう	薬(散薬)	「服(ふく)」とも.
本	ほん	樹木, 鉛筆など, (剣道や柔道の)技, 長いもの(帯など), 安打, 井戸, 映画, 傘(洋傘), 刀剣, 手紙, トンネル, 矢, 槍, 羊羹(切っていないもの)など.	数え方は1本(いっぽん), 2本(にほん), 3本(さんぼん), 4本(しほん). 井戸は「基(き)」とも. 映画は「巻(かん)」とも. 和傘は「張(はり)」という. 手紙は「通(つう)」とも. 封書の場合は「封(ふう)」. トンネルは中国語では「座」「条」. 矢は「条(じょう)」とも. 矢2本だと「手(て)」. 槍は「筋(すじ)・条(じょう)」とも. 切っていない羊羹は「棹(さお)」とも.
枚	まい	平らで薄いもの(紙, 敷物, 皿など), 筏, 相撲の番付の地位, 田, 花びら	平らで薄いものを枚と数えるのは, 一文の貨幣を1枚と呼んだのがもととなったようである. 田は「面(めん)」とも. 花びらは「片(ひら・へん)」とも.

246

いろいろな助数詞

助数詞	読み	数えるものの例	補足
幕	まく	(芝居の区切りにおろす)幕[例:芝居の第一幕]	印象的な場面もいう[例:感激した一幕があった].
棟	むね	家屋,倉庫,長屋など	家は「戸(こ)・軒(けん)・棟(とう)」とも.
匹・疋	むら	反物(2反の場合)	「匹・疋(ひき)」とも.
名	めい	人	「人(にん・たり)」とも.
面	めん	鏡,琴,算盤,田,テニスコートなど	琴は「張(はり・ちょう)」とも. 算盤は「挺(ちょう)」とも. 田は「枚(まい)」とも.
門	もん	大砲,人の集まり[例:門下生].	
葉	よう	薄いもの(木の葉[例:単葉,複葉],紙,写真,葉書など),(航空機の)翼,書類(1枚の場合)	
り	り	人数[例:ひとり,ふたり]	
輌・両	りょう	車両,戦車	
領	りょう	袈裟	「領」はうなじ・襟を表し,甲冑なども数える[例:甲冑1領].
輪	りん	花[例:「梅一輪 一輪ほどの 暖かさ」(服部嵐雪)],車輪[例:2輪車,4輪駆動],リング[例:五輪]	切り花は「本」を使うことが多い.
連	れん	真珠のネックレス,数珠	「聯(れん)」とも書く.丸い珠などを連ねたもの.
羽	わ	鳥類,うさぎ	うさぎは「匹(ひき)」も使う.
把	わ	乾麺,葉物野菜,稲など	「把(は)」は5本の指で握ることができる束をいう.

247

付　録

日本の命数法

■大数

一（いち）	10^0	十	10^1	百	10^2	千	10^3
万（まん）	10^4	十万	10^5	百万	10^6	千万	10^7
億（おく）	10^8	十億	10^9	百億	10^{10}	千億	10^{11}
兆（ちょう）	10^{12}	十兆	10^{13}	百兆	10^{14}	千兆	10^{15}
京（けい）	10^{16}	十京	10^{17}	百京	10^{18}	千京	10^{19}
垓（がい）	10^{20}	十垓	10^{21}	百垓	10^{22}	千垓	10^{23}
秭（じょ）・秭（し）	10^{24}	十秭・秭	10^{25}	百秭・秭	10^{26}	千秭・秭	10^{27}
穰（じょう）	10^{28}	十穰	10^{29}	百穰	10^{30}	千穰	10^{31}
溝（こう）	10^{32}	十溝	10^{33}	百溝	10^{34}	千溝	10^{35}
澗（かん）	10^{36}	十澗	10^{37}	百澗	10^{38}	千澗	10^{39}
正（せい）	10^{40}	十正	10^{41}	百正	10^{42}	千正	10^{43}
載（さい）	10^{44}	十載	10^{45}	百載	10^{46}	千載	10^{47}
極（ごく）	10^{48}	十極	10^{49}	百極	10^{50}	千極	10^{51}
恒河沙（ごうがしゃ）	10^{52}	十恒河沙	10^{53}	百恒河沙	10^{54}	千恒河沙	10^{55}
阿僧祇（あそうぎ）	10^{56}	十阿僧祇	10^{57}	百阿僧祇	10^{58}	千阿僧祇	10^{59}
那由他（なゆた）	10^{60}	十那由他	10^{61}	百那由他	10^{62}	千那由他	10^{63}
不可思議（ふかしぎ）	10^{64}	十不可思議	10^{65}	百不可思議	10^{66}	千不可思議	10^{67}
無量大数（むりょうたいすう）	10^{68}						

■小数

分（ぶ）	10^{-1}	厘（りん）	10^{-2}	毛（毫）（もう）	10^{-3}
糸（絲）（し）	10^{-4}	忽（こつ）	10^{-5}	微（び）	10^{-6}
繊（せん）	10^{-7}	沙（しゃ）	10^{-8}	塵（じん）	10^{-9}
埃（あい）	10^{-10}	渺（びょう）	10^{-11}	漠（ばく）	10^{-12}
模糊（もこ）	10^{-13}	逡巡（しゅんじゅん）	10^{-14}	須臾（しゅゆ）	10^{-15}
瞬息（しゅんそく）	10^{-16}	弾指（だんし）	10^{-17}	刹那（せつな）	10^{-18}
六徳（りっとく）	10^{-19}	虚空（こくう）	10^{-20}	清浄（しょうじょう）	10^{-21}
阿頼耶（あらや）	10^{-22}	阿摩羅（あまら）	10^{-23}	涅槃寂静（ねはんじゃくじょう）	10^{-24}

※資料によって数詞が異なるものもあるが，ここでは『塵劫記』『算学啓蒙』などに著されているものを参
　考に，一般的なものを記した。

日本の命数法／SI基本単位／SI接頭語

SI基本単位

基本量	SI基本単位	
	名称	記号
長さ	メートル	m
質量	キログラム	kg
時間	秒	s
電流	アンペア	A
熱力学温度	ケルビン	K
物質量	モル	mol
光度	カンデラ	cd

SI接頭語

乗数	接頭語	
	名称	記号
10^{24}	ヨタ	Y
10^{21}	ゼタ	Z
10^{18}	エクサ	E
10^{15}	ペタ	P
10^{12}	テラ	T
10^{9}	ギガ	G
10^{6}	メガ	M
10^{3}	キロ	k
10^{2}	ヘクト	h
10	デカ	da
10^{-1}	デシ	d
10^{-2}	センチ	c
10^{-3}	ミリ	m
10^{-6}	マイクロ	μ
10^{-9}	ナノ	n
10^{-12}	ピコ	p
10^{-15}	フェムト	f
10^{-18}	アト	a
10^{-21}	ゼプト	z
10^{-24}	ヨクト	y

付　録

ギリシア文字

読み方	ギリシア文字		ローマ字への書きかえ	
アルファ	A	α	A	a
ベータ	B	β	B	b
ガンマ	Γ	γ	G	g
デルタ	Δ	δ	D	d
イプシロン	E	ε	E	e
ゼータ	Z	ζ	Z	z
イータ	H	η	Ē	ē
シータ	Θ	θ	Th	th
イオタ	I	ι	I	i
カッパ	K	κ	K	k
ラムダ	Λ	λ	L	l
ミュー	M	μ	M	m
ニュー	N	ν	N	n
クサイ	Ξ	ξ	X	x
オミクロン	O	o	O	o
パイ	Π	π	P	p
ロー	P	ρ	R	r
シグマ	Σ	σ	S	s
タウ	T	τ	T	t
ウプシロン	Υ	υ	Y	y
ファイ	Φ	ϕ (φ)	Ph	ph
カイ	X	χ	Ch	ch
プサイ	Ψ	ψ	Ps	ps
オメガ	Ω	ω	Ō	ō

250

ギリシア文字／いろいろな長さ

いろいろな長さ〔L〕

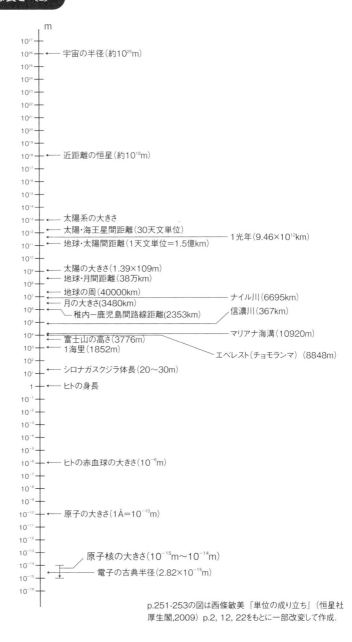

p.251-253の図は西條敏美『単位の成り立ち』(恒星社厚生閣,2009) p.2, 12, 22をもとに一部改変して作成.

付　録

いろいろな質量〔M〕

kg

- 10^{42}
- 10^{40} ←── 銀河系の可視総質量（$1.99×10^{41}$kg）
- 10^{38}
- 10^{36}
- 10^{34}
- 10^{32}
- 10^{30} ←── 太陽（$1.99×10^{30}$kg）
- 10^{28}
- 10^{26} ←── 木星（$1.90×10^{27}$kg）
- 10^{24} ←── 地球（$5.97×10^{24}$kg）
- 10^{22}
- 10^{20}
- 10^{18}
- 10^{16}
- 10^{14}
- 10^{12}
- 10^{10}
- 10^{8}
- 10^{6}
- 10^{4}
- 10^{2} ←── 成人の人体（約60kg）
- 1
- 10^{-2} ←── 4℃，1㎤の水（0.9999749g）
- 10^{-4}
- 10^{-6} ←── 1㎤の空気（約1.2mg）
- 10^{-8}
- 10^{-10}
- 10^{-12}
- 10^{-14}
- 10^{-16}
- 10^{-18}
- 10^{-20}
- 10^{-22}
- 10^{-24}
- 10^{-26} ←── 中性子（$1.67×10^{-27}$kg）
- 10^{-28}
- 10^{-30} ←── 電子（$9.11×10^{-31}$kg）
- 10^{-32}
- 10^{-34}
- 10^{-36} ←── 電子ニュートリノ（$3.6×10^{-36}$kg）

いろいろな質量／いろいろな時間

いろいろな時間〔T〕

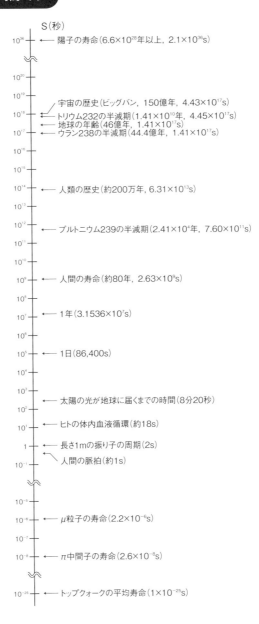

索　引

索引

・「見出し語カテゴリー別索引」「人名索引」「書名索引」「事項索引」の4つにわけて収録しています．

【見出し語カテゴリー別索引】

数える

アユタ 34.
一 36.
億 55.
垓 58.
澗 68.
京 80.
極 89.
恒河沙 86.
溝 86.
載 93.
シェケル 102.
秭 107.
穣 108.
助数詞 111.
真数 112.
スコア 114.
正 120.
ゼロ　⇒零 230.
対数 130.
大数 130.
兆 136.
那由他 156.
百 174.
不可思議 182.
万 207.
無量大数 210.
零 230.

はかる

埃 31.
IS 31.
ISO 31.
合判 31.
阿僧祇 33.
アナログ 33.
雲量 47.
SI 48.
H 48.
F 49.
MKS 単位系 50.
MKSA 単位系 50.
MTS 単位系 50.
黄金比 53.
回毎時 60.
回毎秒 60.
回毎分 60.
ガウス分布 61.
掛け 63.
カ氏温度目盛り 64.
間接測定 69.
基本単位 71.
近似値 76.
雲形定規 78.
計算尺 81.
ケルビン 84.
黄鍾律管 86.
国際単位系 89.
国際標準化機構 90.
誤差 90.

254

見出し語カテゴリー別索引

忽 90.
CGS 単位系 99.
十進法 103.
実数 103.
実測値 103.
実用単位 103.
尺貫法 105.
人キロ 112.
震度階級 113.
整数 121.
セ氏温度目盛り 122.
絶対単位 122.
接頭語 123.
全円分度器 124.
千進法 124.
相加平均 126.
相乗平均 126.
測定値 127.
測定値の公理 127.
大気圏 ⇒地球の大気圏 136.
単位 135.
単位系 135.
地球の大気圏 136.
調和平均 137.
直接測定 138.
デジタル 143.
度 149.
度量衡 153.
トンキロ 155.
ネイピアの対数 160.
パーセント 166.
パーミル 166.
はかり 168.
白銀比 169.
微 172.
B 172.
ppm 173.
百分率 174.

歩合 178.
副尺 182.
分 187.
平方 189.
ポイント 197.
補助単位 199.
マイクロメーター 201.
真弧 205.
升 205.
万進法 207.
無名数 209.
無理数 210.
メートル法（世界）210.
メートル法（日本）213.
ヤード・ポンド法 219.
誘導単位 221.
有理数 221.
ランキン度 225.
厘 225.
立方 227.
列氏温度目盛り 231.
六十進法 232.
ロバーヴァル機構 232.

長さ

握 32.
アクトゥス 33.
咫 33.
アングラ 35.
引 40.
インチ 40.
ヴァンシャ 40.
円周率 51.
黄金分割 53.
オングストローム 55.
カービメーター ⇒キルビメーター 73.
海抜 59.

255

索　引

海里 60.
カセトメーター 64.
曲尺（1） 65.
曲尺（矩尺）（2） 65.
キュービット 72.
キルビメーター 73.
キロメートル 75.
クォーター 77.
鯨尺 78.
間 85.
句股弦 86.
光年 88.
渾天儀 91.
コンパス 92.
尺 104.
丈 108.
定規 109.
スタディオン 115.
寸 119.
センチメートル 124.
チェーン 136.
町 136.
束 138.
ディジット 139.
ディバイダー 142.
デケンペダ 143.
デシメートル 144.
鉄鎖 145.
天文単位　⇒天文単位距離 146.
天文単位距離 146.
度 146.
ナノメートル 156.
日本の尺 157.
ヌリ 159.
ノギス 164.
パーセク 166.
π　⇒円周率 168.
ハスタ 170.

比高 173.
標高 176.
尋 177.
武 178.
分（ぶ）（1） 178.
分（ぶ）（2） 178.
歩（ぶ） 178.
フィート 180.
フート 181.
フェルミ 181.
分（ふぇん） 182.
伏 183.
歩（ほ）（1） 196.
歩（ほ）（2） 196.
マイクロメートル 201.
マイル 202.
マイルストーン 203.
曲がりがね 203.
ミクロン　⇒マイクロメートル 201.
ミリ　⇒ミリメートル 209.
ミリメートル 209.
メートル 210.
物差し 217.
文 218.
ヤード 219.
ヤール 220.
ユカワ 221.
ヨージャナ 222.
里 226.
厘 227.

面積

アール 30.
握 32.
エーカー 47.
円積率 52.
外積 59.

256

見出し語カテゴリー別索引

公畝 80.
頃 80.
結 82.
結負制 82.
ケントゥリア 85.
三正方形の定理 98.
三平方の定理 98.
シェケル 101.
畳 108.
条里制 111.
代 112.
畝 120.
セ 120.
丼 120.
セタト 122.
セントゥリア ⇒ケントゥリア 85.
束 127.
タークヴェルク 129.
太閤検地 130.
段・反 134.
反歩・段歩 135.
町 137.
町歩 ⇒町 137.
直角三つ組み 138.
坪 139.
定積分 140.
等積 149.
ニヴァルタナ 156.
把 166.
ピュタゴラス数 ⇒直角三つ組み 138.
ピュタゴラスの定理 175.
ピュタゴラス三つ組み ⇒直角三つ組み 138.
負 178.
歩(ぶ) 178.
不定積分 183.
プラニメーター 186.
平米 188.
平方インチ 189.

平方キロメートル 189.
平方尺 189.
平方寸 189.
平方センチメートル 189.
平方プレスロン 189.
平方マイル 190.
平方メートル 190.
ヘクタール 190.
ヘレディウム 194.
畝(ほ) 196.
方田 198.
方歩 199.
畝(むー) 209.
面積速度 216.
面積ベクトル 217.
モルゲン 217.
ユゲルム 222.
ユッヒェルト 222.
厘 227.

体積

握 33.
カップ 65.
ガロン 68.
匊 70.
球の体積 71.
京升 73.
キロリットル 75.
クォーター 77.
クォート 78.
合 86.
石 88.
斛 88. ⇒石 88.
cc 99.
シェケル 101.
勺 105.
正四角錐台の体積 121.

索　引

束 127.
耗 129.
デシリットル 144.
斗 146.
バーレル（1）167.
バーレル（2）167.
パイント 168.
ブッシェル 183.
ヘカト 190.
ヘクトリットル 191.
ペック 193.
升 107.
ミリリットル 209.
龠 220.
リッター　⇒リットル 227.
リットル 227.
立方インチ 228.
立方キュービット 228.
立方尺 228.
立方寸 228.
立方センチメートル 228.
立方デカメートル 228.
立方フート 228.
立方歩 229.
立方ミリメートル 229.
立方メートル 229.

質量

オンス 56.
カラット 66.
貫 68.
キログラム 74.
斤 75.
クォーター 77.
グラム 79.
グラム分子　⇒モル 217.
グレーン 80.

国際キログラム原器 89.
棹秤 93.
シェケル 101.
質量 104.
ストーン 118.
石 121.
センチグラム 124.
天秤 145.
ドルトン 154.
トン 155.
バーレル 167.
ピコグラム 173.
ブッシェル 183.
ベカ 190.
ポイント 198.
ポンド 200.
マイクログラム 201.
ミナ 208.
ミリグラム 208.
モル 217.
匁 218.
薬用ポンド 221.
両 229.

時間

閏年 45.
回帰年 59.
機械時計 70.
協定世界時 73.
均時差 76.
恒星時 87.
恒星日 87.
恒星月 87.
恒星年 88.
刻（こく）　⇒刻（とき）149.
朔望月 94.
時角 102.

見出し語カテゴリー別索引

時間 *102.*
時刻 *102.*
週 *105.*
真太陽 *112.*
真太陽時 *113.*
真太陽日 *113.*
ストップウォッチ *118.*
砂時計 *119.*
世紀 *120.*
太陰日 *129.*
太陰月 *129.*
太陰年 *130.*
太陽年 *131.*
月 *138.*
刻（とき）*149.*
時計 *151.*
日 *157.*
年 *164.*
日（ひ）⇒日（にち）*157.*
日時計 *174.*
秒 *176.*
標準時 *177.*
フーコーの振り子 *180.*
分 *187.*
平均太陽 *188.*
平均太陽時 *188.*
平均太陽日 *188.*
平年 *188.*
マイクロ秒 *201.*
水時計 *207.*
ミレニアム *209.*
ユリウス日 *222.*
漏刻 *231.*

速さ・速度

宇宙速度 *44.*
海里毎時 *60.*

キロメートル毎時 *75.*
キロメートル毎秒 *75.*
キロメートル毎分 *75.*
センチメートル毎時 *124.*
センチメートル毎秒 *125.*
センチメートル毎分 *125.*
ノット *164.*
ベクトル *191.*
ベクトル量 *192.*
マイル毎時 *203.*
マック ⇒マッハ *206.*
マッハ *206.*
メートル毎時 *215.*
メートル毎秒 *215.*
メートル毎分 *215.*
ヤード毎秒 *220.*

加速度

加速度 *65.*
ガリレオ ⇒ガル *67.*
ガル *67.*
g *99.*
自由落下運動 *106.*
センチメートル毎秒毎秒 *125.*
メートル毎秒毎秒 *215.*
ヤード毎秒毎秒 *220.*

重さ・力

重さ *55.*
キログラム重 *74.*
グラム重 *79.*
ステヴィンの法則 *116.*
ダイン *131.*
力の平行四辺形 *136.*
ニュートン *158.*
浮力 *187.*

259

索　引

メガダイン 215.

圧力

気圧 69.
キログラム重毎平方センチメートル 74.
グラム重毎平方センチメートル 79.
高気圧 86.
水銀圧力計 113.
水銀柱インチ 114.
水銀柱センチメートル 114.
水銀柱ミリメートル 114.
水銀柱メートル 114.
低気圧 139.
トリチェリ 152.
トル　⇒トリチェリ 152.
バール 167.
パスカル 169.
パスカルの原理 170.
ヘクトパスカル 190.
ミリバール 208.

仕事・エネルギー

アインシュタイン 31.
位置エネルギー 37.
運動エネルギー 46.
エネルギー 49.
M 50.
エルグ 51.
ガイガー・ミュラー計数管 58.
カウンター 62.
カウント 62.
カロリー 67.
キュリー 72.
キロカロリー 73.
キログラムメートル 74.
キロワット時 75.

グレイ 79.
計数管 81.
計測震度 81.
シーベルト 99.
仕事 103.
ジュール 106.
震度 113.
絶対温度 122.
線量 125.
線量当量 125.
テルミ 145.
ニュートンメートル 159.
人時 159.
熱 162.
熱容量 162.
熱力学温度 162.
熱量 164.
熱量計 164.
馬力 171.
馬力時 171.
ベクレル 192.
マイクロキュリー 201.
マイクロシーベルト 201.
マイクロレム 202.
マイヤー 202.
マグニチュード 204.
ミリシーベルト 208.
ラド 224.
力率 227.
レム 231.

角・角度

円規 51.
角度 63.
グラード 79.
弧度 90.
三角関数 94.

見出し語カテゴリー別索引

三角関数の微分 95.
三角比 96.
三角比の由来 97.
ソス 128.
ソッソス 128.
直角 138.
デグリー 143.
度 149.
秒 175.
分 187.
分度器 188.
ポイント 198.
ラジアン 224.

角速度

角速度 63.
度毎秒 152.
ラジアン毎秒 224.

角加速度

角加速度 62.
度毎秒毎秒 152.
ラジアン毎秒毎秒 224.

立体角

ステラジアン 117.
立体角 227.

電気・磁気

アンペア 35.
アンペア回数 35.
アンペア時 35.
アンペアターン　⇒アンペア回数 35.
ウェーバー 41.

オーム 54.
オームの法則 55.
ガウス 60.
ガンマ 69.
ギガサイクル毎秒　⇒ギガヘルツ 70.
ギガヘルツ 70.
起電機 70.
クーロン 76.
原子炉 85.
検流計 85.
国際単位 89.
サイクル 93.
サイクル毎秒 93.
電圧計 145.
発電 171.
ファラッド 179.
ヘルツ 193.
ヘンリー 195.
ボルト 199.
マクスウェル 203.
メガヘルツ 216.
ワット 233.
ワット時 234.

光

F数 49.
Fナンバー 50.
カンデラ 69.
キャンドル 71.
光度 88.
焦点 109.
照度 110.
照度計 110.
燭 111.
ニト 157.
フレネル 187.
ペンタンカンデラ 194.

261

索　引

ペンタン灯 195.
ルーメン 229.
ルクス 230.

音

オクターヴ 55.
音速 57.
キロヘルツ 74.
騒音計 126.
ソーン 126.
デシベル 143.
フォン 182.
ベル 193.
ホン 199.

情報

解像度 59.
画素 65.
ギガバイト 70.
キロバイト 74.
CD 99.
情報 110.
情報量 111.
セクタ 122.
DVD 139.
dpi 139.
ドット 151.
トラック 152.
ナット 156.
バイト 168.
ピクセル 173.
ビット 173.
フラッシュメモリー 186.
メガバイト 216.
メディア 216.
メビバイト 216.

接頭語

ギガ 70.
キロ 73.
センチ 124.
デカ 143.
デシ 143.
テラ 145.
ナノ 156.
ピコ 173.
ヘクト 190.
マイクロ 201.
ミリ 208.
メガ 215

【人名索引】

アーメス *30, 18.*
アールヤバタ *97, 222.*
アインシュタイン, アルバート *19, 31, 91, 104, 133, 206.*
アウセルラー *30.*
麻田剛立 *84.*
アブソロン, カレル *2.*
アペピ 1 世 *30.*
アメネムヘト *208.*
アメンエムハト 3 世 *30.*
アメンヘテプ 3 世 *208.*
新井宏 *157.*
アルガン, J.R. *42.*
アルキメデス *17, 34, 35, 51.*
アンペール, アンドレ *35, 36.*
石川啄木 *33.*
市川又三 *37, 105.*
一然 *32, 38.*
稲村三泊 *197.*
伊能忠敬 *38, 158.*
岩倉具視 *38.*
ヴァーニア, ピエール *164.*
ウィリアム・トムソン ⇒ケルヴィン
ヴェーバー, ウィルヘルム *41.*
ヴェーバー, エードゥアルト *41.*
ヴェーバー, エルンスト *41.*
ヴェッセル *42.*
ヴォルタ, アレサンドロ *43, 54, 71, 199.*
ヴォルテール, フランソワ *44.*
宇田川榕庵 *v.*
栄方 *106.*
エウクレイデス *47, 117, 221.*
エールステッド, H.C. *36.*
エールトマン, O.L. *100.*
エジソン, トーマス *144.*
エドワード 1 世 *47, 219.*
エラトステネス *34, 222.*

オイラー, レオンハルト *36, 56.*
大庭雪斎 *110.*
大伴坂上郎女 *112.*
オートレッド, ウィリアム *81.*
オーム, ゲオルグ *54, 91, 100.*
オングストローム, アンドレ *55, 56.*
ガイガー, ハンス *58.*
ガウス, カール *11, 12, 41, 43, 61, 91.*
カッツ, V.J. *110.*
亀井南冥 *196.*
狩谷棭斎 *157.*
ガリレオ, ガリレイ *19, 28, 66, 67, 104, 152.*
カルノー, サディ *84, 163.*
ガンター, エドモンド *81.*
菊池大麓 *132.*
キャヴェンディッシュ, ウィリアム *204.*
キャヴェンディッシュ, チャールズ *91.*
キュリー, ピエール *72.*
キュリー, マリー *72.*
ギョーム, C.E. *133.*
キルヒホッフ, G.R. *194.*
クーロン, チャールズ *77.*
クテシビオス *78, 208.*
クラウジウス, ルドルフ *163, 225.*
グラハム, ジョージ *118.*
ブラフマーグプタ *230.*
グレイ, スティーヴン *91.*
グレイ, ルイス *79, 80.*
グレゴリー, G. *195.*
グレゴリウス 13 世 *45.*
桑原隆朝 *39.*
ゲーリケ, オットー *70.*
ケプラー, ヨハネス *82, 84, 89, 91, 147.*
ケルヴィン *84, 132, 163, 225.*
ゲロン王 *34.*
小泉袈裟勝 *120.*
孔子 *119.*
高祖 *147.*

263

索引

ゴウタマシッダルタ *230.*

コノン *34.*

コプリ, ゴットフリー *54, 91, 107.*

公羊 *119.*

斉明天皇 *231.*

三条実美 *38.*

シーベルト, ロルフ *100,.*

ジーメンス, ヴィルヘルム *101.*

ジーメンス, エルンスト *100.*

ジーメンス, カール *101.*

ジーメンス, フリードリッヒ *101.*

子夏 *119.*

志田林三郎 *84.*

志筑忠雄 *197.*

司馬遷 *171.*

釈迦 *157.*

周公 *106.*

ジュール, ジェームス *107.*

商高 *106.*

末綱恕一 *98.*

スティーヴンソン, ルイス *198.*

ステヴィン, シモン *116,136.*

ストークス, G.G. *204.*

スミス, アダム *233.*

角倉了以 *223.*

政明王 *223.*

セヴァリー, T. *38.*

セデス, ジョルジュ *230.*

セルウィウス, トウッリウス *85.*

セルシウス, アンダース *122, 123.*

センウセレト 3 世 *7.*

銭宝琮 *147.*

祖沖之 *51.*

ダーウィン, チャールズ *91.*

ダイアー, ヘンリー *225.*

高橋至時 *39.*

武谷三男 *206.*

田中正造 *214.*

田中舘愛橘 *132, 214.*

田辺有栄 *214.*

タルメイ, マックス *32.*

タレーラン, ペリゴール *211.*

タレス *134, 175.*

ダンス, ウィリアム *180.*

チェレンコフ, P.A. *81.*

忠烈王 *38.*

趙君卿 *106.*

陳子 *106.*

坪内逍遥 *109.*

デイヴィ, H. *180.*

程大位 *31, 33, 136, 223.*

ディラック, P.A.M. *181.*

テスラ, ニコラ *144, 145.*

天智天皇 *231.*

トゥーマー, ジーン *97.*

寶憲 *172.*

ドゥランブル, J.B.J. *211.*

ドシテウス *34.*

トムソン, ウィリアム (ケルヴィンではない) *107.*

豊臣秀吉 *73, 130, 134.*

トリチェリ, エヴァンジェリスタ *152.*

ドルトン, ジョン *134, 154.*

トレミー *186.*

中井竹山 *196.*

ナポレオン, ボナパルト *212.*

名和靖 *v.*

ニーダム, ジョセフ *230.*

ニマアトラー *30.*

ニューコメン, T. *233.*

ニュートン, アイザック *19, 158, 162.*

ネイピア, ジョン *81, 130, 160.*

ノレー, ジャン *43.*

ハーコート, A.G.V. *195.*

パウリ, W.E. *181.*

パスカル, ブレーズ *169, 170.*

パスツール, ルイス *91.*

人名索引

班固 *40, 146, 171, 172, 178.*
斑昭 *172.*
班彪 *171, 172.*
ヒッパルコス *97.*
ピュタゴラス *32, 99, 138, 175.*
広瀬淡窓 *197.*
ファーレンハイト, ダニエル *64.*
ファラデー, マイケル *91, 179, 180, 195, 204.*
プイエ, クロード *54.*
フーコー, レオン *180, 181.*
フェィディアス *34.*
フェルミ, エンリコ *85, 181.*
フォーブス, J.D. *204, 224.*
プトレマイオス *97, 117, 185, 187.*
ブラーエ, ティコ *83.*
平田　寛 *133.*
ブラック, J. *233.*
フランクリン, ベンジャミン *91.*
プリーストリー, ジョセフ *44.*
ブリッグス, ヘンリー *160.*
古市公威 *214.*
ブルックマン, P *48.*
フレネル, オーグステン *187.*
フレンチ, トーマス *78.*
ベクレル, アントワーヌ *72,192.*
ヘボン, J.C. *133.*
ベル, グラハム *143,193.*
ヘルツ, ハインリッヒ *194,204.*
ベルヌーイ, ダニエル *36.*
ヘルムホルツ, H.L.F. *194.*
ヘンリー 1 世 *211.*
ヘンリー 3 世 *219.*
ヘンリー 5 世 *155.*
ヘンリー, ジョセフ *195.*
帆足萬里 *51, 146, 196.*
帆足道文 *196.*
ホイヘンス, クリスティアーン *78.*
ボーヤイ, ヤーノシュ *61.*

ボールトン, マシュー *171, 233.*
ポリュクラテス *175.*
マーセット , ジェーン *180.*
マイヤー, ユリウス R. *202.*
マイヤー, J.R. *202.*
マクスウェル, ジェームス *163,194,203.*
マグヌス, H.G. *100.*
舛岡富士雄 *186.*
マッハ, エルンスト *206.*
マネトー *7.*
マルケルス *34.*
三浦梅園 *196, 197.*
ミュラー, ウォルター *58, 62, 81.*
メストリン, M. *83.*
メシェン, P.F.A. *211.*
メルセンヌ, マラン *.*
メンデレーエフ, イワノビッチ *91.*
メンデンホール, トーマス *132.*
山川健次郎 *132.*
ユーイング, J.A. *132.*
ユークリッド *32, 47, 61, 117, 221.*
湯川秀樹 *221.*
吉田光由 *5, 9, 31, 33, 52, 58, 68, 80, 86, 89, 90, 93, 107, 108, 120, 131, 136, 172, 187, 210, 223, 225.*
ラヴォアジエ, アントワーヌ *44, 164.*
ラザフォード, エルンスト *58.*
ラッセル, バートランド *i.*
ラフォン, ヤコブ *186.*
ラプラス, ピエール *44.*
ランキン, ウィリアム *224, 225.*
ランフォード, カウント *56.*
リー, M.S. *42.*
リヒター, チャールズ *204.*
リヒテンベルク, G.C. *44.*
劉安 *48, 49, 147.*
劉歆 *172.*
劉徽 *16.*

265

索　引

リンカーン , アブラハム *115.*
リンド, A.H. *30, 121, 229.*
ルイ 16 世 *211, 212.*
ルソー, ジャンジャック *36.*
ルドルフ, C. *51, 52.*
ルニョー, H.V. *84.*
レントゲン, W.C. *133, 192.*
ロドリゲス, ジョアン *223.*
ロバーヴァル, ギレ *170, 232.*
脇愚山蘭室 *196.*
和達清夫 *205.*
ワット, ジェームス *171,233.*

【書名索引】

アーメスのパピルス *30.*
『アールヤバティーヤ』*97, 222.*
『アルマゲスト』*97, 186, 187.*
『一握の砂』*33.*
『宇宙の調和』*83..*
『淮南子』*48, 121, 147.*
『円錐曲線論』*47.*
『円錐曲線試論』*170.*
『円錐体と球状体について』*34.*
『円の測定』*34.*
『応用算術』*116.*
『応用力学必携』*225.*
『驚くべき対数の規則の記述』*160.*
『驚くべき対数の規則の構成』*160.*
『重さと軽さについて』*47.*
『音楽原論』*47.*
『開元占経』*148, 230.*
『漢書』*40, 75, 86, 87, 146, 171, 172, 178, 229.*
『九章算術』*16, 86, 198.*
『球と円柱について』*34.*
『窮理通』*51, 146, 196, 197.*
『曲面軌跡論』*47.*
『儀禮・郷射禮記』*32.*
『口遊』*223.*
『弦の表』*97.*
『原本』*30, 117.*
『原論』*47.*
『光学』*47, 56, 185, 187, 197.*
『後伝』*171, 172.*
『古事記』*33.*
『五星距地之奇法』*84.*
『誤謬推理論』*47.*
『三国遺事』*32, 38, 82.*
『算板の本』*231.*
『算法統宗』*31, 33, 58, 131, 136, 223.*
『史記』*171.*
『実験に基づく波動論』*43.*

書名索引

『実験理学講義』195.
『ジャータカ』157.
『拾芥抄』223.
『周髀 』25, 105, 106, 146, 147, 174, 226.
『周髀算経』106, 146, 147, 226.
『春秋公羊傳』119.
『小説神髄』109.
『塵劫記』5, 9, 31, 33, 52, 58, 68, 80, 86, 89,
　90, 93, 107, 108, 120, 131, 136, 156, 172,
　182, 187, 207, 210, 223, 225.
『新天文学』83.
『数学集成』186, 187.
『数学書表』51.
『数学の歴史』110.
『数理科学』226.
『図形分割論』47.
『ストイケイア』117.
『ストマキオン』34.
『ストイケイオン』47, 117.
「弾性固体の平衡について」204.
『中国数学史』147.
『中国の科学と文明』230.
『デドメナ』47.
『電気火の引力について』43.
『天秤について』47.
『天文現象論』47.
『二大世界体系についての対話』67.
『日本書紀』231.
『日本大文典』223.
『熱電気および電池電気回路の強さ』54.
『年代記』7.
『パンセ』170.
『浮体について』34.
『ブラーマ・スプタ・シッダーンタ』230.
『文物参攷資料』178.
『放物線の求積』34.
『方法』34, 35.
『墨子』18.

『歩行器官および筋肉運動の力学』43.
『ポリスマタ』47.
『民間格知問答』110.
『明治建白書集成』105.
『訳鍵』197.
『螺旋について』34.
『リーラー・ヴァーティー』156.
『令集解』127, 134.
「リン光物質によって放出される見えない放
　射線について」193.
『歴史の中の単位』120.
『暦象考成』39.
『暦象新書』197.
『ロウソクの科学』(『ロウソクの化学史』)
　180.

267

索　引

【事項索引】
《あ行》
アイランドファーム 16.
アカデミー・フランセーズ 210.
アクティオン号 39.
アッピア街道 203.
アルシーヴ原器 212.
アルファベット 117.
アンペールの法則 36.
イオニア唯物論 134, 175.
位置エネルギー 24, 37, 46.
1 複歩 202.
インダクタンス 195.
ヴァーニア 164.
ウィーン大学 206.
浮世絵 31.
宇宙空間 136.
ウプサラ大学 56, 100, 123.
ウプサラ天文台 56.
裏目 66.
ウラン 72, 85, 193.
閏月 130.
閏年 45, 131, 138, 164, 188.
運動エネルギー 24, 46, 162.
エアランゲン大学 54, 58.
永久磁石 27.
HB 48.
エコール・ポリテクニク 192.
SI 基本単位 71, 74, 90.
X 線 192, 231.
エディンバラ大学 203, 224.
江戸間 108.
MKSA 単位系 35, 41, 50, 54, 76, 135, 158,
　167, 179, 195, 199, 212.
MKS 単位系 35, 50, 106, 135, 157, 158, 169,
　221, 233.
MTS 単位系 50, 145.
円規 51.

円周率 34, 51, 52, 76, 97.
遠心力 18, 23, 55.
円積率 52.
円田 198.
黄金比 53.
応力集中 225.
王立協会 91, 180.
オームの法則 27, 54, 55.
オールバニ・アカデミー 195.
オクトパス 55.
オハイオ州立大学 78.
オピソメーター 73.
表目 65.
音響 43, 170, 206.
音速 28, 57, 206.
温度計 64, 123, 162.

《か行》
カールスルーエ大学 194.
概括 4, 11.
外積 59, 216, 217.
解像度 59, 65, 151.
回転角 63.
海抜 59, 177.
海里 60, 165.
ガウス分布 11, 12, 61.
カウントナウン 2.
化学エネルギー 46.
格知学 110.
角目 66.
可算名詞 2.
下数 131.
画素 59, 65, 173.
曲尺 65, 104, 158.
雷 27, 14, 204.
烏口 92.
ガルヴァーニ回路 54.
カロリンスカ研究所 100.

268

換気回数 60.

慣性質量 19, 23, 32, 104.

間接測定 18, 69.

カンデラ 50, 69, 71, 88, 89.

漢法 26, 146, 182.

気圧 69, 86, 113, 114, 139, 153, 167, 170, 190, 208.

キール大学 194.

規矩準縄 51, 92.

箕田 198.

基本単位 15, 38, 50, 71, 84, 90, 99, 122, 135, 199, 212, 219, 221.

キャヴェンディシュ研究所 80, 204.

吸収線量 79, 80, 125, 202, 224.

キュービット 7, 72, 212, 228.

享保尺 104, 158.

京間 108.

距離 16, 21.

キロカロリー 68, 73.

均時差 76, 174.

近似値 76, 90.

鯨尺 78, 104, 211.

クテシビオス 78, 208.

グラーツ大学 83, 144, 206.

位取り法 6.

グラスゴー大学 84, 132, 225, 233.

グレゴリオ暦 45, 222.

粗黍 17, 86, 178.

黒芯鉛筆 48, 49, 172.

クロノグラフ 118.

慶応義塾 132.

計数管 58, 62, 81.

計測震度 81, 113.

圭田 198.

計量法 57, 68, 169, 210, 214, 219.

夏至 147, 150, 226.

ゲシュ 25, 26, 128.

ゲッティンゲン大学 43, 61.

結負制 38, 82.

ケルビン 50, 71, 84., 89, 163, 225.

間竿 220.

原始関数 185.

建白書 37, 105.

ケンブリッジ大学 80, 84, 158, 204.

較差 14.

黄鍾 17, 86, 220, 229.

公正取引協議会 188.

光度 50, 69, 71, 88, 111, 194, 195.

硬度 48, 49, 172.

黄道 25, 87, 91, 146, 182.

勾配 166.

勾配標 166.

工部大学校 132.

高麗尺 112, 157.

工率 24, 75, 171, 233, 234.

交流 27, 95, 144, 145, 171, 199.

皇龍寺 157.

光量子 31.

コーティ 34.

古韓尺 157.

国際海里 60.

国際キログラム原器 19, 68, 74, 79, 89, 135, 212.

国際単位系 15, 50, 69, 84, 89, 99, 135, 162, 190, 213, 215, 229, 230.

国際度量衡総会 19, 69, 89, 162, 202, 202.

国際標準化機構 90.

誤差 11, 30, 39, 61, 83, 90, 103.

弧度 26, 90, 224.

子羊の体温 64.

呉服尺 104.

コプリメダル 54, 91, 107.

コペンハーゲン大学 41.

コモ王立学院 44.

梱（こり）112.

コレジュ・ド・フランス 36.

269

索　引

コロンビア大学 *182.*
コンパス *51, 61, 92, 109, 142.*

《さ行》

サイコロ *61.*
サウンドトラック *152.*
棹秤 *18, 93.*
朔望月 *94, 129.*
三角定規 *109.*
三角比 *94, 96.*
三角形の等積移動 *118.*
算用数字 *6.*
cc *65, 99, 209, 228.*
CGS 単位系 *60, 71, 79, 99, 131, 135, 221.*
ジヴァ・アルドハ *97.*
シカゴ大学 *85, 182.*
磁気偏角 *56.*
次元 *15.*
子午線 *39, 87, 123, 129, 165, 177, 210.*
自在定規 *109.*
地震 *25, 82, 113, 132, 205.*
自然数 *6.*
磁束密度 *60, 69, 145, 203.*
十進法 *4, 5, 64, 103, 114, 211.*
実数 *10, 26, 103, 210.*
実測値 *12, 103.*
実用単位 *63, 89, 103.*
質量 *3, 15, 18, 32, 104.*
指定温度 *73.*
捨象 *4.*
写真の細胞 *173.*
尺貫法 *38, 105, 214.*
種 *11.*
周期現象 *60.*
獣脂蝋燭 *69.*
周天 *25, 91, 146.*
周波数 *55, 70, 194.*
自由落下運動 *46, 66, 104, 106.*

重力質量 *19, 32, 104.*
ジュールの法則 *107.*
春分点 *59, 87.*
蒸気機関 *171, 233.*
正午 *150.*
正子 *150.*
小尺 *157.*
照射線量 *125.*
小数 *3, 9.*
上数 *131.*
照度 *110, 230.*
乗法の単位元 *37.*
情報量 *28, 74, 111, 156, 168, 173, 216.*
常用オンス *56.*
常用ポンド *57, 200.*
条里制 *111, 136, 139.*
ショートトン *77, 155.*
助数詞 *4, 111.*
四郎尺 *158.*
鍼灸 *119.*
人工時系 *73.*
真数 *112, 130, 188.*
真太陽 *20, 112.*
真太陽時 *76, 113, 174.*
シンチレーション計数管 *81.*
震度 *81, 113, 205.*
震度階級 *113.*
水銀温度計 *64.*
出挙米 *179.*
水準線 *176.*
水晶時計 *70.*
スイス連邦工科大学 *32.*
スウェーデン国立放射線防護研究所 *100.*
数詞 *4, 134.*
数字 *4.*
スタジアム *115.*
ステヴィンの法則 *116, 136.*
ステラジアン *26, 117, 199.*

事項索引

ストックホルム大学 *100.*
墨縄 *109.*
正割 *96.*
正弦 *94, 96.*
整数 *6, 121.*
正接 *94, 96.*
成層圏 *136.*
生体実効線量 *202, 231.*
井田法 *120.*
赤道 *18, 20, 23, 60, 92, 94, 136, 180, 188,*
　210, 211.
積分定数 *185.*
勢子 *2.*
セシウム *20.*
セ氏温度目盛り *122, 123.*
赤経 *92.*
絶対温度 *84, 122, 162.*
扇形版 *165.*
千進法 *124, 207.*
セント・アンドリュース大学 *160.*
線量 *62, 79, 80, 99, 100, 125, 202, 224, 231.*
線量当量 *125.*
騒音計 *126, 199.*
相加平均 *12, 126.*
相対性理論 *19, 32, 181, 206.*
測定 *7.*
測定値 *7, 12, 103, 127, 209.*
速度 *15, 21.*
測量学 *43, 176, 202.*

《た行》
大尺 *157.*
帯小数 *9.*
対数 *87, 130, 160.*
対数尺 *81.*
体積 *15, 17.*
大宝律令 *111, 112, 137, 157.*
対流圏 *136.*

畳割 *108.*
脱進機 *70.*
足袋 *218.*
単位分数 *8.*
団地間 *108.*
チェーン *136, 220.*
チェレンコフ計数管 *81.*
力の平行四辺形 *116, 136.*
知行高 *105.*
中京間 *108.*
抽象 *4, 11, 209.*
中数 *131.*
チュービンゲン大学 *83.*
調速機 *70.*
長球説 *123.*
超微細準位 *20, 176, 213.*
直線定規 *109.*
直流 *27, 35, 144, 145, 171.*
直角 *25, 26, 76, 138.*
津波 *50.*
DNA *110.*
T 字定規 *109.*
帝国単位 *219.*
定時法 *150.*
ディメンション *15.*
デケンペダ *143.*
てこの原理 *93.*
テスラ変圧器 *144.*
テル・ブラク *6.*
電気エネルギー *46.*
電気盆 *71.*
電磁波 *70, 194, 204.*
電波時計 *70.*
天秤 *18, 94, 145, 168, 232.*
電流 *27, 35, 36, 43, 50, 54, 76, 85, 89, 93,*
　107, 107, 195, 199, 233.
等確率 *61.*
導関数 *184.*

271

索　引

東京大学 *132.*
東京湾平均海面 *59, 176.*
唐大尺 *157.*
特殊計算尺 *81.*
時計 *33, 70, 76, 87, 102, 106, 108, 119, 143,*
　149, 151, 174, 207, 231.
トラバース *42.*
トリチェリの真空 *113.*
トリニティ・カレッジ *80, 204.*
度量衡 *86, 105, 153, 172, 197, 207, 210, 213.*
度量衡改正法案 *133.*
度量衡法案 *213.*
ドルニ・ヴェストニッツェ *2.*
トレミーの定理 *186.*
トロイオンス *56.*
トワーズ *210.*

《な行》
二十四節気 *147.*
日本水準原点 *176.*
ニュー・カレッジ *154.*
熱エネルギー *46.*
熱力学温度 *84, 122, 162.*
熱量計 *162, 164.*
年周視差 *166.*
ノーベル賞 *72, 181, 193, 221.*
ノーモン *174, 226.*
ノット *60, 164.*

《は行》
パーチ *220.*
パイカ *197.*
柱割 *108.*
パスカルの三角形 *170.*
パッスス *202.*
発電機 *60, 93.*
パドバ大学 *44, 60.*
バビロニア *4, 9, 17, 25, 51, 72, 101, 115,*

　128, 138, 139, 148, 174, 230, 232.
馬力 *103, 171, 233.*
万国規格統一協会 *90.*
万国度量衡会議 *132, 214.*
ハンドログ *165.*
比 *130.*
ピエ・ド・ロア *210.*
比較 *13, 14.*
ピサ大学 *66.*
日時計 *106, 117, 147, 174.*
微分積分学 *63, 158.*
非ユークリッド幾何学 *61.*
ピュタゴラス数 *138.*
ピュタゴラスの定理 *32, 99, 175.*
ピュタゴラス三つ組み *138.*
標準時 *73, 103, 177.*
ピラミッド *134.*
プース *189.*
フェルミ‐ディラック統計法 *181.*
不可算名詞 *3.*
複式簿記 *116.*
副尺 *164, 182.*
複素数 *10, 42, 61.*
プラーク大学 *206.*
振り子時計 *70, 78.*
振り子の等時性 *66, 70.*
プルシャ *159.*
プルトニウム *85, 182.*
プレスロン *189.*
分光学 *56, 187.*
焚書坑儒 *16.*
分数 *3, 7, 221.*
平均海面 *59, 176.*
平均太陽時 *76, 87, 174, 177, 188.*
平均太陽日 *59, 102, 188, 212.*
米国官用単位 *219.*
平年 *5, 45, 164, 188.*
ペーターハウスカレッジ *204.*

ベクター *191.*
ベクトル *22, 59, 136, 191.*
ベルリン大学 *194.*
ヘレディウム *85, 194.*
扁球説 *123.*
放射能 *58, 62, 72, 192.*
法隆寺 *157.*
ポール *220.*
補助単位 *135, 199.*
歩幅 *92, 181.*
歩武堂々 *202.*
ポロニウム *72.*
本間 *108.*

《ま行》

マーズ・クライメート・オービター *213.*
マウルブロン修道院 *82.*
マウンド・バーノン病院 *80.*
マスナウン *3.*
マッハ効果 *206.*
マッハの帯 *206.*
マルチニック島 *77.*
万進法 *5, 131, 207.*
マンチェスター大学 *58.*
右ネジの法則 *36.*
水時計 *78, 149, 207.*
結び目 *164.*
ムセイオン *208, 222.*
ムナー *208.*
名数 *7.*
メートル法国際会議 *212.*
目方 *3, 18.*
メソポタミア *6.*
モーメント *94.*
モスクワのパピルス *121.*
物差し *65, 109, 145, 153, 164, 172, 182, 217.*
盛岡藩校修文所 *132.*
モル *50, 79, 217.*

《や行》

龠 *17, 220.*
薬用オンス *56.*
薬用ポンド *221.*
八咫鏡 *33.*
八咫烏 *33.*
誘導単位 *71, 135, 221.*
指幅 *119, 139.*
余角 *98.*
余割 *96.*
余弦 *94, 96.*
余接 *96.*

《ら行》

ラジウム *58, 72.*
ラジャバリ *157.*
ランフォード・メダル *56.*
量水標 *176.*
リンドのパピルス *121, 229.*
類 *11.*
累黍 *86.*
ルドルフ数 *52.*
霊岸島水位観測所 *176.*
令小尺 *157.*
令大尺 *157.*
ロイヤル・ソサイエティ *54.*
ローマ大学 *181.*
六十進法 *4, 5, 26, 211, 232.*
ロッド *219.*
ロングトン *77, 155.*

《わ行》

ワーデンクリフ研究所 *144.*
和利 *179.*
割り引き率 *63*

273

参考文献

◇参考文献（発行年代順）

※洋書について，刊行年がはっきりしていないものには ca. と付しています．ca. は，circa（キルカ，サーカ）
　で，「約」「およそ」「頃」を表すラテン語です．

『田中館愛橘先生』中村清二，中央公論社，1943.4.

『西洋人名辞典』篠田英雄編集，岩波書店，1956.10.

『バビロニアの科学』マルグリット・リュッタン，矢島文夫訳，白水社，1962.2

『中国数学史』銭宝琮，科学出版社（北京），1964.11.

『歴史』ヘロドトス，青木巌訳，新潮社，1968.4.

『条里制の研究』渡辺久雄，創元社，1968.6.

『数学小辞典』矢野健太郎，共立出版，1968.9.

『中国古尺集説』藪田嘉一郎，綜芸舎，1969.3.

『歴史の中の単位』小泉袈裟勝，総合科学出版，1970.11.

『数学史　1』コールマン・ユシケービッチ，山内一次・井関清志訳，東京図書，1970.

『ユークリッド原論』ユークリッド，中村幸四郎他訳，共立出版，1971.1.

『ギリシャ民主政治の出現』W.G. フォレスト，太田秀通訳，平凡社，1971.3.

『岩波　理化学辞典』（第 3 版），岩波書店 1971.5.

『古代の朝鮮』旗田巍・井上秀雄，学生社，1974.5

『新編　単位の辞典』ラテイス編，株式会社ラテイス，1974.6.

『科学の起原　古代文化の一側面』平田寛，岩波書店，1974.8.

国史大系『令集解』吉川弘文館，1974.8.

『世界の名著　続 1　中国の科学』薮内清編集，中央公論社，1975.3.

『語源辞典ギリシャ語篇』大槻真一郎，同学社，1975.5

"*POCKET　GREEK　DICTIONARY*", Karl　Feyerabend　1976（ca.）

『大漢和辞典』諸橋轍次，大修館書店，1976.7.

『古代エジプトの数学』高崎昇，総合科学出版，1977.10.

『塵劫記』吉田光由，大矢真一校注，文庫，岩波書店，1977.10.

『新訳　大自然科学史』（1~12 巻），フリードリヒ・ダンネマン，安田徳太郎訳，三省堂，
　1977.10.-1979.10.

274

参考文献

『数字と数学記号の歴史』大矢真一・片野善一郎，裳華房，1978.8.

『数学 英和・和英辞典』小松勇作編，共立出版，1979.7.

『中国天文学・数学集』薮内清，朝日出版社，1980.1.

『インド天文学・数学集』矢野道雄，朝日出版社，1980.1.

『動力物語』富塚清，岩波新書，1980.3

『定理・法則をのこした人びと 小さな科学史辞典』平田寛編，ジュニア新書，岩波書店，
　　1981.4.

『図説 科学・技術の歴史』（上・下）平田寛，朝倉書店．1985.4

『漢語大詞典』漢語大詞典出版社，1986.9

『「はかる」の事典―はかる」の不思議』小泉袈裟勝監修，株式会社イシダ，1993.5

『放射線防護の父 シーベルトの生涯』ハンス・ワインバーガー，山崎岐男訳，考古堂書
　　店，1994.2.

『宝島』スティーヴンスン，阿部知二訳，文庫，岩波書店，2000.2.

『バビロニアの数学』室井和男，東京大学出版会，2000.3.

『「はかる」世界』松本栄寿，玉川大学出版部，2000.4.

『丸善 単位の辞典』二村隆夫監修，丸善出版，2002.3.

『新編 おらんだ正月』森銑三，文庫，岩波書店，2003.1.

『数え方の辞典』町田健監修，飯田朝子，小学館，2004.3.

「中国古代度量衡における黄鐘律管と累黍」松本栄寿，『計量史研究』28（1），pp.37-42，
　　2006

『万物の尺度を求めて』ケン・オールダー，吉田三知世訳，早川書房，2006.3

『単位の成り立ち』西條敏美，恒星社厚生閣，2009.7

『アルピニストとハイカーがまとめた 一等三角点総覧』一等三角点研究会編，日本測量
　　協会，2009.8.

"The Math Book"，Clifford A. Pickover，Sterling Publishing Co.,Inc，2009.

『算数・数学用語辞典』武藤徹・三浦基弘，東京堂出版，2010.6.

『小説神髄』坪内逍遥，文庫，岩波書店，2010.6.

"A History of Mathematical Notations"，Florian Cajori，Dover Publications Inc，2011.11.

『知られざる天才 ニコラ・テスラ』新戸雅章，新書，平凡社，2015.2.

写真・図版提供一覧

『世界数学者事典』ベルトラン・オーシュコルヌ，ダニエル・シュラットー，熊原啓作訳，
　日本評論社，2015.9
『田中館愛橘ものがたり　ひ孫が語る「日本物理学の祖」』松浦明，銀の鈴社，2016.5
『理科年表』国立天文台編，丸善出版，2016.11.
『ビジュアル数学全史』クリフォード・ピックオーバー，根上生也・水原文訳，岩波書店，
　2017.5.

◇写真・図版提供一覧

p.38	市川悦雄
p.39	伊能忠敬記念館
p.89	国立研究開発法人 産業技術総合研究所
p.91	伊能忠敬記念館
p.126	株式会社小野測器
p.132	田中舘愛橘記念科学館
p.145（上）	伊能忠敬記念館
p.166	撮影：長谷部恒夫（西武建設株式会社）
p.169（表）	小泉袈裟勝監修『「はかる」の事典』株式会社イシダ発行，1993 年，p.30 を元に作成
p.176	（日本水準原点標庫）国土交通省国土地理院
p.186（下）	タマヤ計測システム株式会社
p.197	大分県日出町
p.205	第一合成株式会社
p.234	冨塚清『動力物語』岩波書店，1980 年，p.15 より転載

編著者略歴

武藤 徹（むとう・とおる）
数学者。1925年，神戸市生まれ。1947年東京帝國大学理学部数学科卒。1947年東京都立第四中学校（現都立戸山高等学校）に赴任。「理数教育研究会」，「科学教育研究協議会」設立などに参加。NHK教育テレビ「高校数学講座」初代講師。1986年都立戸山高等学校定年退職。現在も現役の高校，大学の教師と定期的に数学ゼミを開いている。
著書に『算数教育をひらく』（大月書店），『数学読本Ⅰ・Ⅱ・Ⅲ』（三省堂），『武藤徹著作集』全5巻（合同出版），『新しい数学の教科書 発想力をのばす数学中学数学』全2巻（文一総合出版），『算数・数学用語辞典』（共著 東京堂出版），『武藤徹の高校数学読本』全6巻（日本評論社），『面積の発見』（岩波書店），『算数・数学活用事典』（共著 日本評論社），『きらめく知性，精神の自由』（桐書房）などがある。

三浦基弘（みうら・もとひろ）
産業教育研究連盟副委員長・特定非営利活動法人（NPO法人）チーム橋守半兵衛 顧問・大東文化大学元講師。1943年，旭川市生まれ。東北大学，東京都立大学で土木工学を学ぶ。専門は構造力学。東京都立小石川工業高等学校，東京都立田無工業高等学校，東京学藝大学，大東文化大学などで教鞭をとる。傍ら，NHK教育テレビ「高校の科学 物理」「エネルギーの科学」の講師，月刊雑誌「技術教室」（農山漁村文化協会）編集長などを歴任。
著書に『物理の学校』（東京図書），『科学ズームイン』（民衆社），『東京の地下探検旅行』（筑摩書房），『光弾性実験構造解析』（共著 日刊工業新聞社），『日本土木史総合年表』（共著 東京堂出版），『世界の橋大研究』（監修 PHP研究所），『身近なモノ事始め事典』（東京堂出版），『昔の道具 うつりかわり事典』（監修 小峰書店），『発明アイデアの文化誌』（東京堂出版），『橋とトンネルに秘められた日本のドボク』（監修 実業之日本社）などがある。

数える・はかる・単位の事典

| 2017 年 11 月 15 日 | 初版印刷 |
| 2017 年 11 月 30 日 | 初版発行 |

編 著 者	武藤　徹・三浦基弘
発 行 者	大橋信夫
Ｄ Ｔ Ｐ	株式会社 明昌堂
図版制作	関根惠子
装　　丁	中島かほる
印刷製本	日経印刷株式会社

発 行 所　株式会社　東京堂出版
　　　　　〒 101-0051　東京都千代田区神田神保町 1-17
　　　　　電話　03-3233-3741
　　　　　http://www.tokyodoshuppan.com/

ISBN978-4-490-10894-1 C0541
©MUTOH Tohru, MIURA Motohiro 2017　Printed in Japan